Konrad Vogel

Neues Tierleben

für jedes Heim

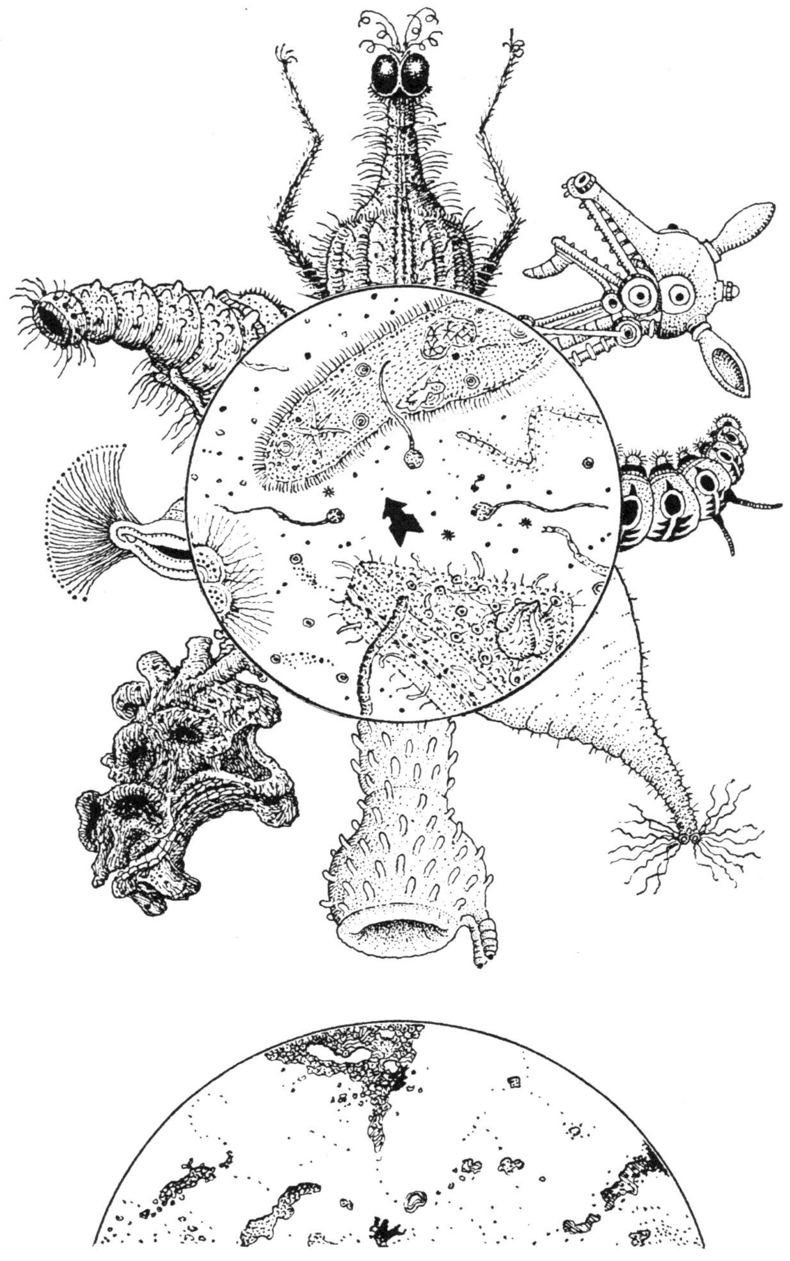

Konrad Vogel

NEUES TIERLEBEN

für jedes Heim

In Auswahl bearbeitet und
neu herausgegeben von Friedrich C. Heller
und Walter Schmögner

Christian Brandstätter Verlag · Wien – München

Die Deutsche Bibliothek - CIP-Einheitsaufnahme

Konrad Vogel - neues Tierleben für jedes Heim / in Ausw. bearb. und
neu hrsg. von Friedrich C. Heller und Walter Schmögner. -
Wien : Brandstätter, 1998
ISBN 3-85447-822-4

1. Auflage 1998

Die graphische Gestaltung des Werkes sowie der Entwurf des Schutzumschlags stammen von
Walter Schmögner. Das Lektorat besorgten Barbara Sternthal und Olivia Taxis, die technische Herstellung
Rudolf Metzger. Die Gesamtherstellung des Werkes erfolgte bei Samson Druck in St. Margarethen im Lungau.

ISBN 3-85447-822-4

Christian Brandstätter Verlagsgesellschaft m.b.H.
A-1080 Wien, Wickenburggasse 26
Telephon (+43-1) 408 38 14 · Telefax (+43-1) 408 72 00
E-Mail: books@cbv.co.at

Inhalt

Vorwort der Herausgeber

Daß der "Vogel" nach einigen Jahren des anscheinenden Vergessenseins wieder neu aufgelegt würde, haben die Unterzeichneten wohl nicht zu hoffen gewagt. Läßt doch unsere schnellebige Zeit keinen Zweifel über die ungeheure Vergänglichkeit, die alle Erscheinungen bedroht, und seien diese noch so überzeitlich gedacht. Wer kennt heute noch Adrian Pausärschel, einen Philosophen, der im Biedermeier die Gemüter wackerer Familienväter mit seinen radikalen Theorien vom "zeitlichen Umsprung" bis zur Verzweiflung irritierte ? Er ist vergessen, ebenso wie Zünzelmann, dem wir doch so viele heiter gestimmte Naturbeobachtungen verdanken (die in krassem Widerspruch stehen zum verderblichen Wirken finsterer Mächte, die unablässig das ökologische Gleichgewicht stören wollen, auch wenn das nach den §§ 146 und 293 der liechtensteinischen Gewerbegesetzgebung ausnahmslos untersagt ist!). Genug - wir verlieren uns in allzu drastischen Beispielen, während wir nur unsere Freude bekunden wollten, die wir mit dieser Neu-Ausgabe des Vogelschen Hausbuchs verbinden. Es mag schon stimmen, was Hermann Abert über Biographien (in seinem bis heute unübertroffenen Buch über J. Mederitsch) gesagt hat: daß es nämlich "zum Wesen des schöpferischen Genius" gehört, "daß er jeder Generation wieder andere Seiten seines Wesens offenbart". So gälte es also auch heute für die noch jungen Zeitgenossen, "ihren Vogel" zu entdecken! Wir geben damit freilich auch zu, daß uns die neuerliche Verbreitung des Ruhms der eigentümlichen Größe Konrad Vogels mindestens ebenso wichtig erscheint wie die Erhaltung der durch diesen großen Biologen vermittelten Kenntnisse. Aber natürlich: das Wissen um das Seewürstchen darf wenigstens in den Ländern der Europäischen Union nicht aussterben, schon aus wirtschaftlichen Gründen!

Die geänderte, großzügig gestaltete Edition dieses Buches, das schon so viele verschiedene Gewandungen erlebt hat, mag dazu beitragen. Wir sind dem Verlag für das Verständnis, das er dem besonderen Anliegen Vogels entgegenbrachte, außerordentlich dankbar. Jeder andere Verleger hätte eine Publikation dieser Art mit den neuesten, womöglich elektrografischen Bildern versehen. Weise Einsicht hat das verhindert. Abgesehen von der Seltenheit mancher hier gezeigten Tiere (eine Wasserleiche wird sich nicht so rasch zur Digitalisierung auftreiben lassen!), war der unvergleichlichen Präzision der wissenschaftlichen Zeichnung, die Wesentliches hervorzuheben, Unwichtiges einfach wegzulassen vermag, viel mehr zu trauen als der unerbittlichen, damit aber auch öden Realiät digitaler Bildverarbeitung.

Gewisse Altertümlichkeiten der Formulierung, wie sie der auf gemütvolle Anschaulichkeit ausgerichteten Sprache der Hausbuch-Autoren des vorigen Jahrhunderts zu eigen waren, haben wir bewußt unverändert gelassen. Wissen wir doch, daß auch heute wieder von sehr vielen Lesern Wert auf solche Behäbigkeit der Sprache gelegt wird - im Gegensatz zur atemlos drastischen modernen Mediensprache oder der oft hermetischen Künstlichkeit wissenschaftlicher Mitteilungen. Erst kürzlich hat sich der bekannte deutsche Buch-Historiker Hans Tausendbogen dahingehend geäußert, ihn - der sich nicht als Naturwissenschaftler verstehen könne - spreche die heute geläufige fachspezifische Darstellung biologischer Sachverhalte nur wenig an, die bilderreiche Sprache älterer Beschreibungen hingegen bewirke eine lebhafte Imagination. Wir schließen uns solcher Meinung an - glauben wir doch auch, daß nur die Langsamkeit und Einfühlsamkeit des Mitdenkens zur eigentlichen inneren Anschauung der Dinge führt, während das heute so beliebte Zappen ja doch nur wie eine vergängliche Gehirnkosmetik wirkt.

Freilich, eine technische Neuerung könnten wir uns auch für Konrad Vogels Werk als eine wesentliche Bereicherung und also für eine weitere Auflage als wünschenswert vorstellen! Wir meinen die CD-ROM, die den Inhalt von Vogels Tierleben didaktisch aufbereiten und in ein spannendes Netzwerk verknüpfen könnte. So entstünde, vor dem Hintergrund der unauslotbar vielseitigen Weltbezüge, die Vogels Darstellungen immer wieder so tiefschürfend machen, ein ganzer Kosmos abfragbarer überraschenden Erläuterungen, die Natur und Menschenwelt in einem Horizont umschließen. So wie das Leben Konrad Vogels von der Musik zum Sodawasser, vom Wald zur Astrophysik, von der Heeresleitung zum Okkultismus einen weiten umfassenden Bogen zog, würden wir, unterstützt von der modernen Technologie, den Zusammenhang alles Lebendigen eindringlich erkennen. Und wir würden uns - im Blick auf den Monitor - endlich dem Tintentod und dem Tränenaas brüderlich verwandt fühlen, schicksalhaft aneinander gebunden auf diesem Erdstern, der so einsam durchs Weltall rast.

Auch in dieser Neuausgabe haben wir Ausschnitte aus den Vorwörtern früherer Ausgaben wiedergegeben. Sie zeigen ohne Mißverständlichkeit, daß Vogels Werk zu allen Zeiten den Menschen etwas zu geben vermochte. Es wird auch heute seine Wirkung nicht verfehlen.

Wien, im August 1998
Friedrich C. Heller · Walter Schmögner

Aus dem Vorwort zur ersten Auflage (1897)

Im mächtig angewachsenen Schrifttum über das Reich der Tierwelt giebt es viele vortreffliche Werke, die mit dem höchsten Grade der Wissenschaftlichkeit das Leben und Treiben der Tiere beschreiben und neuerdings auch noch ihrem Seelenleben die gebührende Anerkennung zukommen lassen, denen aber ein wesentlicher Blickpunkt fehlt, der das zoologische Interesse erst über das Ideal eines schnöden Positivismus hinaushöbe und ihm den Anschein einer Lebensauffassung zuordnete. Die Ursachen dieses ebenso einseitigen wie ungerechtfertigten Verfahrens liegen auf der Hand. Niemand will zugeben, daß unser Fortschritt aufgebaut ist auf der Unterdrükkung jener Geschöpfe, die uns vom Lenker des Weltalls zugewiesen sind als die wahren Freunde unseres Daseins. In ihrer Hilflosigkeit könnten sie uns über die Vorrechte aufklären, deren sich der Mensch erfreuen darf und die er als Technik und Wissenschaft stolz seine Erfindungen nennt. Doch erst wenn er lernt, daß er abhängig ist von jenen Wesen, die er schamlos ausbeutet, wird er die wahre Größe seiner Entwicklung begreifen.

Dem oft gethanen Ausruf „Herrgott, wie groß ist dein Tierreich!“ kann ich nur beipflichten, giebt er doch in elementaren Worten eine Erkenntnis wieder, die sich jedem Erforscher der Natur geradezu überwältigend aufdrängt, daß nämlich die Schöpfung einen Reichtum der Arten aufweist, demgegenüber menschliches Thun, unsere ganze Civilisation, auf die wir so stolz sein zu können glauben, armselig erscheinen mag. In der That, „der Herr der Schöpfung hat alles bedacht“, unsere Aufgabe bleibt es aber, all diese Vielfalt zu erforschen, um darin den weisen Plan zu verstehen, der dazu bestimmt ist, dem Menschen die Möglichkeiten und Ziele seiner Existenz gewissermaßen natürlich vor Augen zu führen.

In völliger Verkennung seiner Fähigkeiten hat der Mensch sich abgekehrt von der Natur und sich den Verlockungen der Civilisation hingegeben. Überall blüht Handel und Wandel, während die angeborne Reinheit verkommt, Wälder werden abgeholzt, um Schreibtischen Platz zu machen, Viehzucht muß der Numismatik weichen, allenthalben ersetzen Bilderbücher die wahre Anschauung, das Mieder verdrängt die wollene Unterwäsche. Da ist es dann kein Wunder, wenn Kapitalismus und Socialdemokratie, diese Hyänen unserer modernen Gesellschaft, Einzug halten in die einfachen Stuben unserer deutschen Familien, in denen einst Sauberkeit, Eintracht und Biedersinn herrschten, und nun brüllend ihre Opfer fordern. Nur eine Besinnung auf die Natur, eine Rückkehr in ihren Schoß, die Hinwendung zu den prallen Brüsten, aus denen die wahren Quellen unserer Menschlichkeit fließen, kann uns retten vor dem Verderben in Luxus und Anarchie. Deshalb möge dieses Buch den Blick schulen für die Wunder der Schöpfung. Sie lehren, daß der Mensch die Krone alles Geschaffenen für sich in Anspruch nehmen darf vor allen Wesen, denen im Drange nach Erlösung ja doch die eigentliche Weisheit fehlt. Und so wird er sich barmherzig und mitleidend jenen zuwenden, die seiner bedürfen, weil sie der Segnungen der Civilisation noch nicht teilhaftig geworden sind, nicht minder auch jenen, die für immer ausgeschlossen bleiben müssen, weil es ihnen an den Vorrechten besonderer Geburt mangelt. „Wer wahres, tiefes und inniges Verständnis der Natur sich aneignet, wird nie ein schlechter Mensch“. (Altum/Landois, Lehrbuch der Zoologie, Freiburg 1883). Das deutsche Volk aber – so sehen wir es allenthalben – ist berufen, in der Familie der Völker diese neue Moral voranzutreiben in Tüchtigkeit, Pflichterfüllung und Treue, zum Segen der Menschheit. Wenn also dieses Buch, das aus tiefer Vaterlandsliebe entstanden ist, seinen Beitrag zur Kenntnis der Tierwelt zu leisten imstande sein wird, so mag es gleichzeitig angesehen werden als ein Baustein im neuerrichteten Gebäude reinen Menschentums.

Zadel, am 3. April 1897. Konrad Vogel

Aus dem Vorwort zur zweiten Auflage (1900)

Obgleich diesem Buche vermöge des allgemein verbreiteten Interesses für den Gegenstand, den es behandelt, gleich zu Anfang günstige Aussichten offenstanden, ließ sich doch nicht erwarten, daß bereits drei Jahre später eine Neuauflage nötig sein würde. Der verewigte Autor war sich darüber im klaren, mit seinem Werk keineswegs nur ein weiteres zu den zahlreich vorhandenen Tierbüchern geschaffen zu haben, auch dachte er nicht im entferntesten daran, großen und erfolgreichen mehrbändigen Publicationen eine bescheidene Concurrenz bieten zu wollen. Ihm kam es vielmehr darauf an, einen Leserkreis anzusprechen, der durch angeborene Gemütstiefe den Gedanken einer moralischen Erneuerung durch Vertiefung zoologischer Kenntnisse ohne weitere Kritik anzunehmen bereit war. Der große und nachhaltige Erfolg hat ihm, der das nicht mehr erleben konnte, recht gegeben in seiner Hoffnung auf eine geistige Erneuerung unseres Volkes. Denn nur von hier aus zeigt sich ein dritter Weg, abseits und unbeirrt von den Parteiungen der Zeit, die mit ihren Versprechungen ja doch nur das Seelenheil der Menschen zu erkaufen versuchen und ihm eine matte Photographie jener Größe entgegenhalten, zu der der Kulturmensch wahrhaft berufen ist. Am Anfang eines neuen, von den Hoffnungen Zahlloser begleiteten Jahrhunderts stellt sich daher um so mehr die Aufgabe der Sicherung und Wahrung der eigentlichen Werte unserer Kultur, soll die Menschheit nicht im Strudel einer fehlgeleiteten Fortschrittsgläubigkeit zugrunde gehen. Der erhoffte Fortschritt liegt aber nicht im Stillstand, sondern im Rückblick auf die Quellen unseres Seins. Dieser Vertiefung will auch dieses Werk in seiner nunmehr erweiterten Gestalt dienen, indem es den Blick lenkt auf jene Ursprünge, woher wir gekommen und wohin wir dereinst gelangen werden.

So ist das „Neue Tierleben“ nach wie vor bestimmt, in gebildeten Familien sich als Hausschatz einzubürgern. Für wissenschaftliche Kreise ist es nicht geschrieben, für Kritik von solcher Seite wird es sich zu rüsten wissen mit dem Hinweis auf die wahren Werte, auf die es ankommt in einer Zeit materialistischer Bedrohung. Mängel und Irrtümer freilich, die nirgends auszuschließen sind, sollen gerne berücksichtigt werden in einer weiteren Auflage, deren Erscheinen von der Gunst der Leser abhängig sein wird.

Zadel, am 1. August 1900. J. Vogel

Aus dem Vorwort zur vierten Auflage (1915)

Auch in diesen Zeiten, da alle Welt unser deutsches Volk vernichten will und wir dem nur unsere Ehrlichkeit und Treue, Kraft und Bescheidenheit entgegensetzen, ruht die Ehre unseres Vaterlandes auf dem kostbarsten Eigentum, das unser Volk besitzt, worin seine ganze Unzerstörbarkeit wurzelt und woraus auch der endliche Sieg über unsere Widersacher hervorgehen wird: auf der deutschen Bildung. So ist es nötiger denn je, dem Volk die geistige Nahrung nicht vorzuenthalten, sondern sie ihm in reichem Maße zukommen zu lassen als die Grundlage seiner Verteidigungsbereitschaft. Erst die Einsicht, daß derjenige der bessere Kämpfer ist und treuer zu seiner Sache steht, dem das Leben unwichtig geworden ist angesichts der weisen Planung der Natur, erst die Erkenntnis, daß im Lärm der Schlachten das Bewußtsein der Brüderlichkeit mit den Tieren uns über die Feinde erhebt, erst das ewige Bemühen, sich eins zu wissen mit der gerechten höheren Weltordnung, wird uns vor der Geschichte uneinnehmbar und siegreich machen. Dies Buch wendet sich daher an jeden, der die geistige, künstlerische, wirtschaftliche und politische Not des Deutschtums erkannt hat und über diese Zeit des Kampfes hinaus Kraft und Liebe in den Dienst eines innerlich lauteren und erstarkenden Vaterlandes stellen will. Möge es denn – als ein wahres Volksbuch – hinaus ins Feld gehen, wo unsere braven Söhne seiner harren, um nach dem Kampfe sich zu vertiefen in die wahrhaft erhebenden Erkenntnisse deutscher Forschung. Die Soldaten des Geistes gedenken solcherart der Soldaten der Waffe, hinter denen ein ganzes Volk steht!

Vor Ypern, 21. April 1915. Johannes Vogel

Aus dem Vorwort zur fünften Auflage (1920)

Möge dem „Neuen Tierleben“ auch in seinem bescheideneren Gewande der Erfolg in deutschen Familien nicht versagt bleiben. Mehr denn je kommt es heute darauf an, sich den inneren Werten zuzuwenden, die ihre Unvergänglichkeit beweisen angesichts einer zerrütteten Welt. Von den Tieren, namentlich den minder geachteten, können wir wieder jene natürliche Haltung lernen, deren Verlust die Ursache für den großen Kulturverfall darstellt. Die Einsicht in die lang verschlossenen Bereiche naturnaher Lebensführung gibt uns nicht nur das Gefühl echter Brüderlichkeit zu allen Wesen der schönen Erde, sondern auch ein reines und unanfechtbares Selbstbewußtsein wieder. Gerade unsere Jugend aber bedarf solcher Führung durch den Geist, die in starken Menschen Gestalt annimmt zum Segen unseres Volkes! Alles Tun und alle Bildung muß in den Dienst dieser Erneuerung aus Wahrhaftigkeit gestellt werden.

So wurde auch die Bebilderung dieses Buches aus neuem Geiste neu vorgenommen; erste Künstler haben die Ergebnisse genauer Naturbeobachtung zur Grundlage zugleich lehrreicher wie schöner Darstellungen gemacht. Organisch fügt sich so Sinnhaftes mit Geistigem zur Kraft, die uns hinaufführen soll zu neuem Wollen und Wagen. Möge die deutsche Familie, indem sie diesem Buch seinen Platz in ihrer Mitte zuweist, die Größe der Aufgabe erkennen!

Werther bei Bielefeld, zur Sonnenwende 1920. G. Borneken

Aus dem Vorwort zur achten Auflage (1936)

Das vorliegende Buch, das die größte soziale Gemeinschaftsorganisation unseres Volkes in die Hände der deutschen Familien legt, kann mit Fug und Recht als ein wirkliches deutsches Hausbuch bezeichnet werden.

Vom Kampf, Untergang und Überleben in der Tierwelt künden diese Seiten, vom Recht des Stärkeren in einer Welt ewigen Ringens, von der Schicksalhaftigkeit allen Daseins in der Allgewalt der Natur. Was hier – in strenger Auswahl des Bedeutungsvollen – Raum gefunden hat, soll unseren Volksgenossen Vorbild und Anstoß zur Besinnung bieten. Nur das Bewußtsein eigener Größe kann uns Deutschen wieder jene Stellung unter den Völkern geben, die uns die Vorsehung zuweisen will. So möge dieses Buch, das die Weltgeltung deutscher Wissenschaft erneut belegt, hinausgehen in die Häuser und Herzen aller Deutschen als ein Zeichen der Wiedererstarkung unseres Volkes, dem die Liebe zum einheimischen Tier der Ausdruck innigster Beseelung ist.

Am 24. März 1936. Dr. Klaus Schmitt

Aus dem Vorwort zur neunten Auflage (1982)

Kein schöneres Schicksal kann dem Namen eines Gelehrten beschieden sein, als, vom Volksmund erfaßt, in alltäglicher Redewendung geläufiges Gedankengut zu werden. Kaum einem Wissenschaftler aber ist solches Glück zuteil geworden. Wenige Namen wären hier anzuführen, allen voran Adam Riese, dessen Rechenbücher so weite Verbreitung fanden, daß noch heute sein Name als Garant mathematischer Richtigkeit herhalten muß. Selten traf es sich, daß ein Gelehrter – sozusagen der Volksmeinung zuvorkommend – seinem Namen folgend den Gegenstand der Erforschung wählte, so etwa Wilhelm Conrad Röntgen, der 1895, als er die Röntgenstrahlen entdeckte, in übergroßer Bescheidenheit, vielleicht aber auch, weil er sie zunächst nicht erkannte, die Bezeichnung X-Strahlen einführen wollte. Hier hat die auf Gerechtigkeit bedachte Allgemeinheit die selbstverständliche Korrektur erbracht. Konrad Vogel aber ward es vergönnt, mit seinem bedeutenden Lebenswerk in die Volkssprache aufgenommen zu werden. „Jemandem den Vogel zeigen", ursprünglich der knappe, freundschaftlich-saloppe Hinweis auf die pädagogische Verwendung von Vogels zoologischem Buch, ist heute eine allgemein gebräuchliche Redewendung geworden, weit über den Bereich des „Neuen Tierlebens" hinaus und gewissermaßen polyglott verständlich.

Von solcher Popularität wußte der bescheidene Gelehrte freilich nichts. Sein Buch, das erst zu Ende seines abenteuerlichen Lebens als die Summe seiner Erfahrungen entstand, hat im wahren Sinn des Worts seinen Schöpfer überlebt. Als ein Hausbuch deutscher Tierliebe und ein stets sich wandelndes Denkmal des Forschergeistes hat es mehrere Auflagen erlebt und Generationen von Lesern durch eine wechselvolle Geschichte begleitet. Nachdem es seit dem Zweiten Weltkrieg völlig vergriffen war, wurden immer wieder Stimmen laut, den „Vogel", wie er nun kurzerhand hieß, wieder aufzulegen. Das konnte freilich nicht ohne gewichtige Eingriffe und Änderungen geschehen, hatte man doch auf die ungeheuren Fortschritte in der Zoologie ebenso Rücksicht zu nehmen wie auf die teilweise geänderten Bedürfnisse der Leser. So bedeutete es eine jahrzehntelange Schwierigkeit, das vielen Deutschen liebgewordene Buch in moderner Gestalt wieder erstehen zu lassen.

Nach langem Zögern, ermutigt durch den Verlag, haben sich nun die unterzeichneten Herausgeber an diese verantwortungsvolle Aufgabe gemacht und hoffen, ein befriedigendes Resultat vorlegen zu können. Das ursprüngliche Ziel Konrad Vogels, an der Naturgeschichte des Tierreichs eine zeitgemäße Natur- und Weltanschauung zu bilden, konnte dabei in erhöhtem Maß beibehalten werden. Für den Leser von heute muß ja Vogels Ideal einer moralischen Läuterung durch die Beobachtung der Tierwelt, insbesonders der abseitigen, geradezu sensationell anmuten. Der Gelehrte des späten 19. Jahrhunderts erscheint hier als ein Pionier einer modernen Erkenntnis, der Einsicht nämlich, daß wir Menschen nicht nur als die Herren der Natur auftreten können, sondern in unserer Lebensqualität wechselweise von der Existenz und der Wirkweise der Tierwelt abhängig sind. Was heute aufgrund ökologischer Katastrophen erst bruchstückweise erkannt wird, war bei Vogel bereits selbstverständliche Grundlage eines gesicherten Weltbildes. Die Bezeichnung „Neu" bestand daher im Titel seines epochemachenden Werks zu Recht.

Vogels Intentionen wurden daher überall aufgegriffen, seine Diktion beibehalten, wo es nur anging, höchstens in ihrer Zielsetzung noch pointierter formuliert; seine grundsätzliche Naturanschauung bestimmte aber auch die Darstellung jener Tiere, die in der Originalausgabe des Werks noch keine Aufnahme finden konnten.

Langenzersdorf und Wien, im Jahr 1982
Friedrich C. Heller · Walter Schmögner

Konrad Vogel

Fast hat es den Anschein, als wäre dem kräftigen Knaben, der am 17. Mai 1828 im einfachen Lehrerhaus zu Zadel unweit Meißen (Sachsen) geboren wurde, schon bei seiner Geburt die künftige Bestimmung zum großen Zoologen für immer untersagt gewesen. Denn sein Vater, Joseph Emanuel Vogel, war musikalisch außerordentlich begabt, las in den kargen Mußestunden des verantwortungsvollen Lehreramts, was immer nur ihm in die Hand kam, und pflegte einen regen Briefwechsel mit Eduard von Kornzeil, einem seinerzeit wegen seiner fortschrittlichen Ideen berühmten Pädagogen. Mit Alois Pumpel und dem nachmals infolge seiner demokratisch gefärbten Volksgesänge inhaftierten Moritz von Schlederer hatte J. E. Vogel gerade in dem besagten Jahr 1828 einen geselligen Bund „Das Neukloster" gegründet, dessen seltene Zusammenkünfte in Meißen der Verbreitung liberaler Grundsätze dienen sollten (wozu es indessen nie gekommen ist). Von der Mutter Dorothea (geb. Herwigh) mit sangesfreudiger Frohnatur begabt, vom Vater zu Lebensernst, Gottesfurcht und peinlicher Beobachtung hygienischer Vorschriften angehalten, gedieh Konrad Vogel aufs prächtigste. Seinem angeborenen Talent zur Musik ward sorgfältigste Unterstützung zuteil, bereits im Knabenalter nahm die Ausbildung an verschiedenen Instrumenten den größten Teil des täglichen Stundenplans ein, und alles sprach dafür, daß hier ein tüchtiger Musiker heranwachsen sollte, wäre nicht im Sommer 1840 der Oheim Christoph Friedrich Vogel, bekannt als Zoologe, für wenige Tage auf Besuch nach Zadel gekommen. Mit sicherem Blick erkannte er Konrads bis dahin noch schlummerndes Interesse an der Zoologie, instruierte den erstaunten Vater und bestand mit Nachdruck auf einer entsprechenden akademischen Ausbildung des Knaben. Doch mußte zunächst die Konfirmation erfolgen.

Mit höherem und elterlichem Segen versehen, entschloß sich nun Konrad, dem eine jüngere Schwester die Entscheidung erleichterte, zum Studium der Medizin, da der Vater einen praktischen Beruf für aussichtsreicher hielt. Tatsächlich unterwarf sich der Sohn dieser weisen Planung, obwohl es ihn – wie er später bekannte – viel mehr zur Musik gedrängt hatte. Nach sechs Jahren eifriger Studien in Leipzig schien ein erfolgreicher Abschluß der verdiente Lohn, als unerwartet sich eine Gelegenheit bot, der schnöden Berufsausbildung zu entkommen. Vom Impresario einer Mailänder Theatergruppe, Giuseppe Conte Melzippi, eingeladen, begleitete der junge Vogel – trotz heftiger väterlicher Proteste – die Schauspieler als vielseitiger Musiker während einer Tournee an den Hof des hessischen Großherzogs. Auf diese Weise gelang es ihm, während der politischen Wirren unbedrängt die schwierige Zeit zu überstehen. Vom neuen Großherzog Ludwig III. protegiert, vermochte sich Vogel in der nun einsetzenden Restauration erfolgreich zu behaupten, um so mehr, als er die Verbindung zu Melzippi längst gelöst hatte und als Vorleser am großherzoglichen Hof wirkte. Da er inzwischen mit einigen poetischen Arbeiten an die Öffentlichkeit getreten war, schien ihm ein aussichtsreiches Hofamt so gut wie sicher, als eine leidenschaftliche Neigung zu der jungen französischen Tänzerin Jeanette Crieu die Karriere zunichte machte. Trotz großherzoglichen Verbots entfloh Vogel mit der inzwischen geheim angetrauten Französin nach Straßburg, wo ihm 1851 eine Tochter Berenike geboren wurde. In kümmerlichen Verhältnissen, durch Engagements seiner Frau nur notdürftig über Wasser gehalten, oblag Vogel einem jäh entfachten Interesse an der jungen Photographie. Die Anregung hierzu vermittelte ihm ein Vetter, Hermann Wilhelm Vogel, an den sich Konrad in seiner finanziellen Bedrängnis wandte. Auch vom Vater, der seinem Sohn inzwischen verziehen hatte, erhielt er regelmäßige Zuwendungen, so daß er schon bald sich ein eigenes Laboratorium aufbauen konnte.

Nach der Scheidung von seiner Frau, die nach Paris entwichen war, siedelte sich Vogel 1853 in München an, wo er – trotz der großen Konkurrenz – alsbald mit seinen künstlerisch empfundenen Porträtaufnahmen

Oben: Konrad Vogel, um 1895

berühmt wurde. Da zerstörte ein Brand im Herbst 1854 alle Apparaturen, und der schwergeprüfte Mann stand erneut vor dem Nichts. In dieser Lage entsann er sich der Versprechungen früherer Freunde und versuchte, durch den Übertritt in den bayrischen Staatsdienst seiner Existenz eine solide Grundlage zu verschaffen. Nach vielen Enttäuschungen fand er endlich eine Anstellung als Förster. In dieser Eigenschaft übte er sich besonders in der kartographischen Aufzeichnung der königlich bayrischen Waldungen und brachte es zu einigem Geschick, so daß er die Erteilung eines königlichen Privilegs zur Herausgabe eines Wald-Atlasses erhoffen durfte. Ein schweres Augenleiden zwang ihn jedoch 1858 zur Aufgabe aller Hoffnungen und zum Ansuchen um gnadenweise Früh-Pensionierung, die ihm in Anrechnung seiner Verdienste auch gewährt wurde.

Nach einer Kur in Bad Salzgitter wieder geheilt, schritt Vogel an die Ausführung eines alten Planes, nämlich einer Reise nach Afrika. Obwohl ein Vetter zweiten Grades, der bekannte Afrikaforscher Eduard Vogel, zwei Jahre vorher in Wadai ermordet worden war, ließ sich der nunmehr dreißigjährige und zu neuer Kraft erholte Konrad Vogel nicht abhalten, eine kleine Expedition zusammenzustellen, die der Auffindung von Goldminen dienen sollte. Am 14. Januar 1859 schiffte man sich ein, am 12. März langte man in Bata an. Auf der mühseligen Wanderung nach Minkébé wurde die trefflich ausgerüstete Gruppe völlig zerstreut. Fast alle Mitarbeiter erkrankten an verschiedenen Seuchen, Vogel selbst blieb nur wie durch ein Wunder am Leben. Völlig verloren landete er schließlich in der Ansiedlung eines deutschen Missionars, der ihm freundlich Obhut gewährte. Dort verbrachte der erfolglose Goldsucher drei Jahre, in denen er als Laienprediger wirkte. Ende 1862 kehrte er wieder nach Deutschland zurück, wo eine kleine Erbschaft nach seinem inzwischen verstorbenen Vater auf ihn wartete. Mit diesem bescheidenen Vermögen gelang es ihm, sich an einer kleinen Buchdruckerei zu beteiligen, in der er dank seinen organisatorischen Talents sehr bald eine bestimmende Stellung einnahm. Durch kluge Ausnützung der Möglichkeiten farbiger Xylographie verschaffte Vogel den Produkten seiner Offizin hohes Ansehen. Da er jedoch unbedachterweise auch sogenannte galante Bildwerke herstellte, kam es zu einem Prozeß, der ihn schließlich die Druckerlaubnis kostete.

Von der Enge obrigkeitlicher Eingriffe abgestoßen, wandte sich Vogel daraufhin der Erforschung der Astrophysik zu, in der ihm ein entfernter Verwandter, Hermann Karl Vogel, grundsätzliche Kenntnisse vermittelt hatte. Im Jahre 1866 entwarf er eine plastische Sternkarte, die er – nunmehr in Berlin ansässig – an der Preußischen Akademie einreichte. Doch wurde das Projekt wegen seiner übergroßen Ausmaße zum damaligen Zeitpunkt als unausführbar erklärt, was Vogel zutiefst kränkte. Eine zunächst geplante Übersiedlung nach Wien schien ihm denn doch nicht günstig, und so verfolgte er einen alten Wunsch zur Errichtung eines Handelshauses. Im Zuge des allgemeinen wirtschaftlichen Aufschwungs schien ihm das Schicksal günstig, da erkrankte seine Frau (er hatte 1867 neuerlich geheiratet) schwer und verstarb nach längerem Leiden im Herbst 1868. Vogel soll damals, Berichten seiner Freunde zufolge, erste Anzeichen von Mutlosigkeit gezeigt haben, doch munterte ihn die Einladung zur Mitarbeit am Aufbau der preußischen Heeresverwaltung bald wieder auf. Die Verbindung war durch General Eduard Vogel, einen Oheim zweiten Grades, zustande gekommen.

Die folgenden Jahre bis 1882 verliefen ruhig und erfolgreich. Vogel widmete sich der ihm anvertrauten Aufgabe mit Feuereifer und vom Erfolg begünstigt. In seinen Mußestunden interessierte er sich für Politik, was ihm schließlich zum Verhängnis werden sollte. Denn dem freiheitlich gesinnten Manne konnte es nicht verborgen bleiben, daß das offiziell geförderte konservative Mißtrauen gegen jeden Liberalismus auch seinen weitreichenden Bestrebungen Einhalt zu gebieten trachtete. In diese Zeit fällt die Begegnung mit Alfred Edmund Brehm, der ihm eine Audienz beim österreichischen Kronprinzen Rudolf empfahl. Vogel vermochte dem Kronprinzen seine Ideen so eindringlich darzustellen, daß an ihrer Verwirklichung in Österreich kaum mehr ein Zweifel bestand. Nach der Übersiedlung (nach Baden bei Wien) kam es dann 1883 zum Aufbau einer Sodawasserfabrik, die im folgenden Jahr ihre Produktion aufnehmen sollte. Gleichzeitig griff Vogel, vielleicht voreilig, in die damals schwelenden Auseinandersetzungen über den Plan einer österreichischen Ruhmesstätte ein, die als „Wiens Akropolis" auf dem Leopoldsberg hätte errichtet werden sollen. Da Vogel als Gegenprojekt einen großen Museumsbezirk vorschlug und dafür den Architekten Otto Wagner gewinnen konnte, zog er sich die Feindschaft mehrerer maßgeblicher Wiener Männer zu, die in ihrem Vernichtungswillen so weit gingen, die Erteilung eines kaiserlichen Sodawasser-Privilegs an Vogel zu hintertreiben. Damit seiner Existenzgrundlage beraubt, verließ der schwer enttäuschte Mann Österreich bereits im Jahre 1884.

In München versuchte er, erneut Fuß zu fassen. Durch seine dritte Ehe (mit Amalie Ennemoser) gelang es ihm bald, Beziehungen zu einflußreichen Kreisen herzustellen. Während er nunmehr nach außen hin das Leben eines Pensionärs führte, nahm er in okkulten Zirkeln die Stellung eines erfolgreichen Ratgebers ein. Diese Tätigkeit, über deren Einzelheiten wir nur sehr lückenhaft unterrichtet sind, brachte ihn jedoch zunehmend in einen Konflikt mit klerikalen Institutionen, so daß er sich schließlich, um einer Landesverweisung zu entgehen, nur durch die Flucht entziehen konnte. Ruhelos geworden, reiste Vogel einige Monate in den deutschen Landen umher, ehe ihn im Herbst 1886 die Einladung seiner Schwester traf, im ehemals väterlichen Schulhaus von Zadel ein geruhsames Alter zu verbringen. Die Freude über diese Entscheidung muß wohl allzu groß gewesen sein: Vom Schlag gerührt, konnte Vogel zunächst nur als Gelähmter sich der Pflege seiner Schwester und seiner vierten Frau (seit 1885) anheimstellen. Erst nach mehreren Jahren wurde eine Besserung seines Zustandes erzielt. Seit dem Sommer 1889 verlangte es den rastlos planenden Mann immer mehr nach geregelter Tätigkeit. Als Summe seiner Erfahrungen wollte er ein Werk verfassen, das seiner Mitwelt auf eindringliche Weise den Verfall der Sitten und rechtlichen Denkens vorhalten sollte.

Aus dem ursprünglichen Plan einer großangelegten Komposition in Form eines mehraktigen Musikdramas (den er wegen des unaufhaltsamen Erfolgs der Wagnerschen Werke wieder fallen ließ) wurde eine Sammlung klassischer Fabeln, die er mit eigenen Illustrationen versah. Unter der Arbeit mußte Vogel indessen immer mehr seine eigentliche Unfähigkeit als bildender Künstler erkennen. Nach langem Zögern gab er das Fabelwerk schließlich 1894 auf und entschied sich für ein zoologisches Hausbuch, das auf einfache und innig zu Herzen gehende Weise dem deutschen Volk naturnahe Erkenntnisse und moralische Anschauungen vermitteln wollte. Dem kranken Vogel ward die Arbeit mühevoll; als er endlich darangehen konnte, das Vorwort zu verfassen, war der Hauptteil des Buches noch immer Stückwerk. Nur der unermüdlichen Mithilfe von Vogels Schwester Rebecca, seiner fünften Frau Cäcilie (seit 1895), seiner Tochter Berenike sowie einiger Freunde ist es zu danken, daß das „Neue Tierleben fürs deutsche Heim" endlich 1897 erscheinen durfte. Der überglückliche Autor, inzwischen durch zwei weitere Schlaganfälle gelähmt und erblindet, konnte das erste Exemplar seines nachmals so berühmten Werks noch in Händen halten, ehe er am 29. November 1897 in seinem Geburtshaus zu Zadel friedlich einschlief.

In den Jahren seiner Manneskraft war Vogel von schlanker und kräftiger Statur. Das geistvolle Gesicht, das ein Paar strahlend blauer Augen krönte, war von stets edlem Ausdruck, freilich auch von verhaltenem Ernst gezeichnet, so als litte er an den Ungereimtheiten der Welt. Nichts schien ihm so zuwider wie starres Festhalten an unverstandenen Traditionen; mit Temperament und Nachdruck setzte er sich für Neues ein, wenn er es als vernünftig und praktisch erkannt hatte. Mit Leidenschaft suchte er ungewöhnliche Menschen, deren er viele im Lauf seines bewegten Lebens kennenlernte, von ihnen fühlte er sich besser verstanden in seinem Streben nach unkonventioneller Erkenntnis und persönlicher Einfachheit. Der Ruhm seines Werkes, den er nicht mehr erleben konnte, lehrt die Richtigkeit seiner Anschauungen, die geprägt waren von der glühenden Liebe für alle unterdrückten Geschöpfe der Natur.

Zadel, am Tag des Heiligen Martin 1913. J.V.

Register

Register der lateinischen und deutschen Bezeichnungen

Autorenregister

Das Metavirus

(auch NON-Virus)

Das Metavirus gehört zu den seltensten Viren und wurde bisher kaum genügend beobachtet. Freilich ist die Gelegenheit, diesem an der Grenze der Existenz angesiedelten Wesen beizukommen, außerordentlich gering. Wie die Forschungen von *Holley* und *Somogyi* ergaben, ist eine ungemein komplizierte technische Anlage notwendig, das Wirken des Metavirus optisch darzustellen. Der von beiden Forschern errichtete Apparat hat die Größe eines einstöckigen Hauses und ein für den Laien tatsächlich verwirrendes Aussehen. Die Untersuchungen werden außerdem durch die Tatsache erschwert, daß keineswegs bei jeder Forschungsreihe mit Sicherheit ein positives Ergebnis zu erwarten ist. Zunächst muß eine $C_{12}H_{72}O_6$-Verbindung transponiert werden, indem man sie mit einer durablen Wasserlösung versetzt. Schon dabei kann – wegen der enormen Explosionsgefahr – die ganze Anlage vereitelt werden. Nach dem obigen Prozeß geht es darum, durch ungeheuren Druck die vorhandene schlammähnliche Substanz zu veräthern, wobei keineswegs die sogenannte Aphärese eintreten darf. Um dies zu vermeiden, bedient man sich umfangreicher Röhrensysteme. Nach einer rasch vorgenommenen Hypermodulation ist man nun soweit, den wichtigen Contraductus durchzuführen. Das Ganze geschieht leider unter ohrenbetäubendem Lärm, weil mittels antiphonaler Frequenzen die Sprenggefahr herabgemindert werden muß. Nach *Somogyi* sollte sich nunmehr unter normalen Umständen – d. h. in einem Semivakuum bei etwa 3000 °C – die Zelländerung unter dem Einfluß des Metavirus erkennen lassen. Doch gehen hier, wie jüngste Beobachtungen indischer Wissenschaftler ergeben haben, die Ansichten beträchtlich auseinander. Während manche Molekularbiologen das Metavirus für ein sogenanntes „slow virus“ halten (so etwa *Kocsinsky* und *Mouré* 1978), neigen andere der Auffassung zu, es handle sich hier bloß um eine Vertikaländerung einer Nucleinsäure, der gewissermaßen nur chemische Bedeutung zukomme. Wie immer, steht der an der Biologie interessierte Laie solchen Gelehrtenspekulationen allein schon wegen der unübersichtlichen Terminologie ziemlich ratlos gegenüber. Verständlicher erscheinen die Versuche von *Holley* und *Somogyi,* in denen nachgewiesen werden konnte, daß bei einer Übertragung der Metasubstanz (die für die Darstellung des Metavirus relevant ist) auf Ratten oder Gänse die Versuchstiere nach etwa zwanzig Lustren deutliche Veränderungen ihrer morphologischen Erscheinung aufweisen. Das spricht für die so oft, besonders in aufsehenerregenden Berichten der Boulevardpresse beschriebene unheimliche, wenn auch gründliche Wirkung der Viren.

Da die angeführte Untersuchungsreihe bisher noch kaum je erfolgreich verlaufen ist, kann auch über die Größe des Metavirus nichts Verbindliches gesagt werden, doch beträgt sie wohl ungefähr vier Millionstel Millimeter, was *Holley* sehr anschaulich ausdrückt, wenn er freimütig bekennt: „Das Metavirus ist so klein, daß man es mit freiem Auge nicht erblicken kann.“ So nimmt es auch nicht wunder, daß der Naturfreund, dem keine weiteren Hilfsmittel für seine Beobachtungen zur Verfügung stehen, der aber sein Weltbild bereichern und daraufhin auch die notwendigen kulturpolitischen Entscheidungen treffen will, das Metavirus nicht zu Gesicht bekommen kann. Unsere Abbildung, die mittels eines umfangreichen Elektronenmikroskops entstanden ist, will da Abhilfe schaffen. Nur eigene Anschauung vermag die Urteilskraft zu bilden!

Metavirus

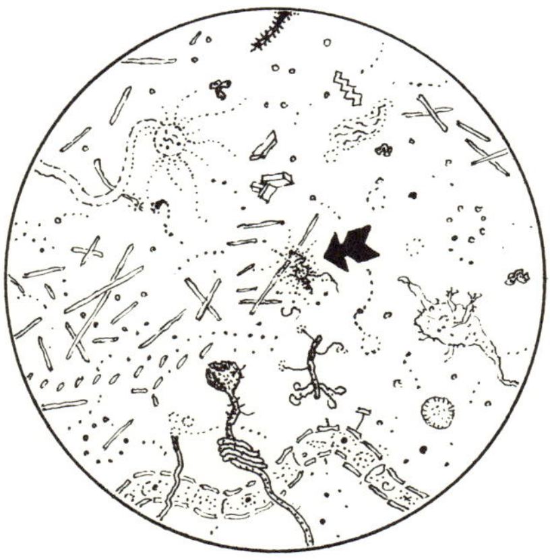

Die bisher beste Aufnahme des Metavirus (Pfeil)
250.000 fache Vergrößerung (1961)

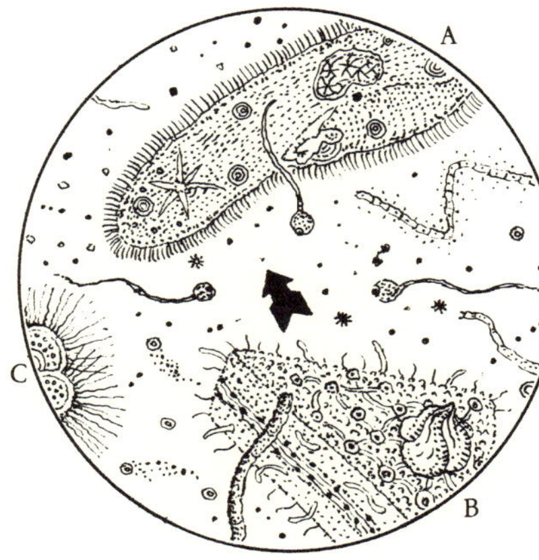

Größenvergleiche zum Metavirus (Pfeil)
A Pantoffeltierchen
B Tortenecktierchen
C Kammertierchen

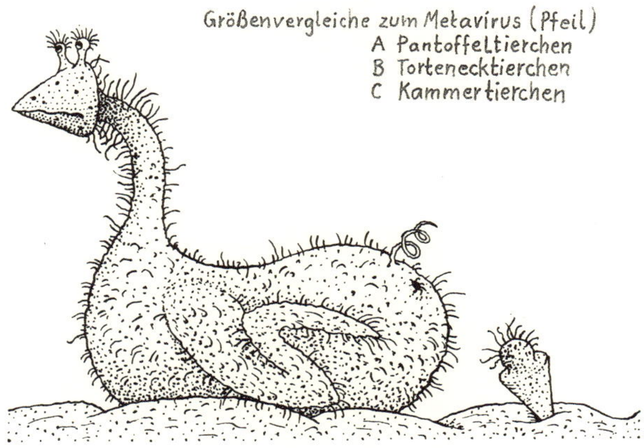

Alte Gans und junges Ei, vom Metavirus befallen

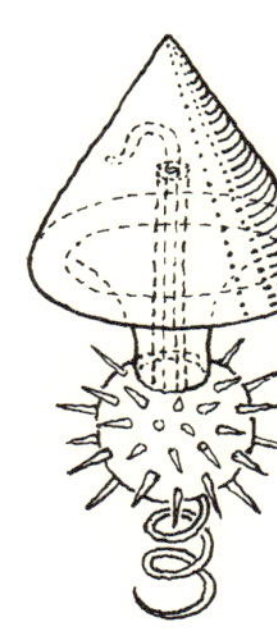

Das Metavirus (wahrscheinliches Aussehen)

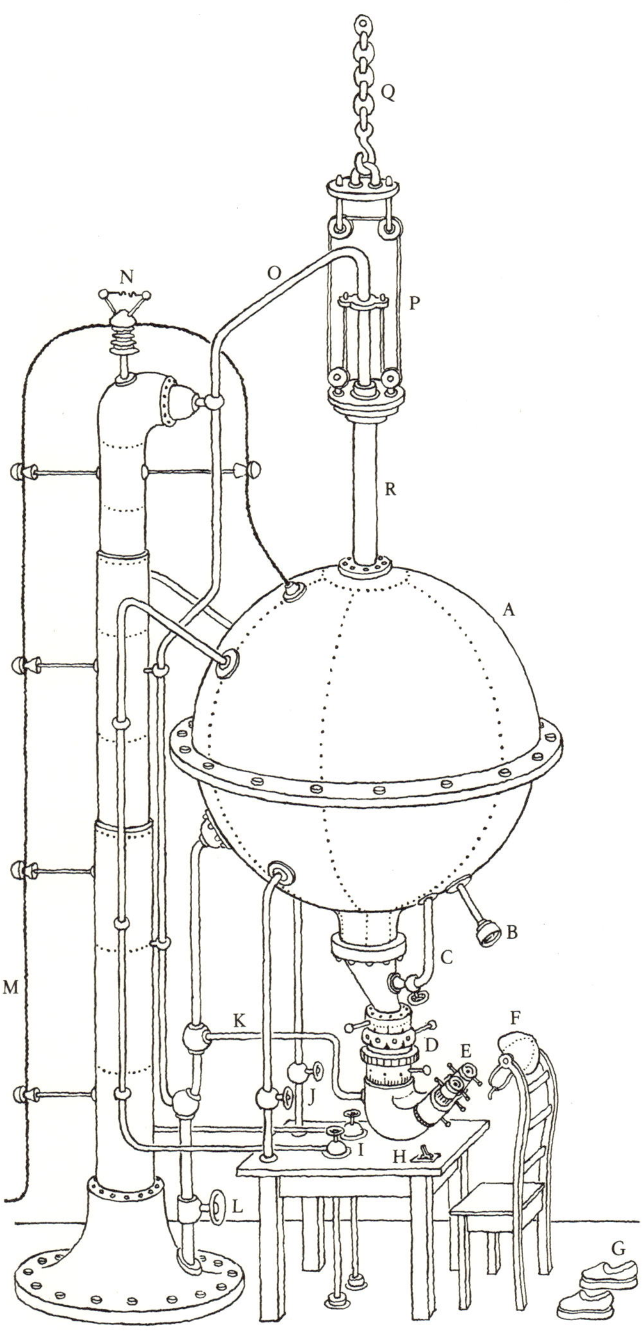

Elektronische Wasserhochdruckmikroskopanlage nach Holley & Somogyi

A Wasserhochdruckbehälter (Höchstbelastung 30 Millionen Atü)
B Druck- und Temperaturmeßgerät
C Bei Erfolg: Wasserleitung mit Metavirus zum Elektronenmikroskop
D Optischer Teil des Elektronenmikroskopes
E Okular
F Stuhl mit Kopfschutzvorrichtung
G Spezialgummischuhe als Schutz vor Starkstromstößen
H Hauptschalter
I Wasserdruckregulierhähne
J Überdruckleitungen
K Kontrollrohr für Wasseranalyse
L Hauptwasserhahn
M Starkstromleitung
N Starkstromüberspannungssicherung
O Wasserzufuhr
P Spezialaufhängevorrichtung zum Dehnungsausgleich
Q Kette
R Stahlmantelrohr

Das Rötzchen

(Allogromia naris Herzm.)
Familie: Monothalamia
Verbreitung: weltweit, besonders in Süddeutschland und Österreich
Größe: maximal 0,003 mm
Farbe: farblos bis zartgrünlich

Unter den Einzellern nimmt das Rötzchen eine besondere Stellung ein, handelt es sich doch hier um eines der liebenswürdigsten Lebewesen. Es gehört in die Ordnung der Wechseltierchen (Amoebozoa) und bildet da eine eigene Gattung. Leider weiß man ja immer noch viel zu wenig über den geradezu ungeheuren Artenreichtum in dieser Region der Tierwelt, und auch über das Rötzchen ist noch nicht sehr viel Zutreffendes ausgemacht. Jedenfalls scheint gesichert, daß das zarte Tierchen sich gerne in feuchtem Erdreich aufhält, ebenso aber auch in den Behausungen der Menschen nicht fremd ist, wählt es doch oft Mauern oder Fußböden zu seinem Existenzort. Freilich kann man mit freiem Auge der winzigen Lebewesen nicht ansichtig werden. Betrachtet man die Allogromia aber unter einem Mikroskop, so wird man an der tropfenförmigen Gestalt seine helle Freude haben. Wie schön, daß uns die Natur noch solche reinen und selbstverständlichen Formen vorsetzt! Jedermann kann sich übrigens eine Quantität dieser Tierchen selbst verschaffen und sie mit Ruhe beobachten, indem er ein stark vergrößerndes Mikroskop zur Hand nimmt und damit etwas abgeschabte Zimmerwandbemalung oder ein weniges an Fußbodenstaub beschaut. Die freundlichen Lebewesen sind übrigens die Erreger einer harmlos zu nennenden Krankheit, des sogenannten Rotz, die man in einschlägiger Literatur mehrfach beschrieben findet. Sie führt in fast allen Fällen zum sicheren Tode und erweist sich besonders durch ihre Begleitumstände, die darzustellen wir uns hier leider versagen müssen, als außerordentlich interessant.

Wir bieten aber eine kurze, doch eindringliche Beschreibung aus der Feder des bekannten Mediziners Robert Eugenhaft: „Die mir zugeführte Patientin war eine auffallend hübsche junge Frau, deren ausstrahlender Lebensmut, deren anregende Bildung, deren weltläufiges Temperament mir nicht wenig zu schaffen machten. Es waren dies sicherlich mit die interessantesten Monate meiner ärztlichen Praxis. Nach etwa 60 Tagen starb sie unter schrecklichen Begleitumständen, was ich nie vergessen werde!“ Soweit Eugenhaft. Das Rötzchen weiß nichts von solchen Dingen, es lebt friedlich dahin, dem wahren Tierfreund zur einsichtigen Freude.

Allogromia naris Herzm.

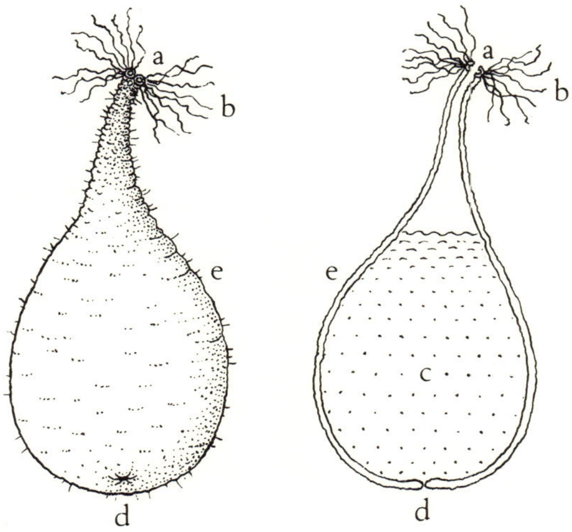

Außenansicht Querschnitt

aa Mundöffnung
bb Geißel und Reizcilien
c Rötzchenwasser
dd After
ee Staubmantel

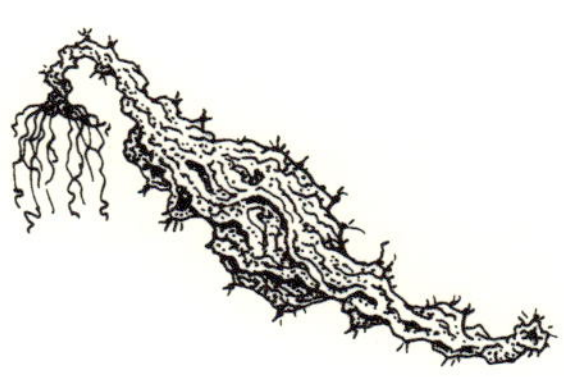

Vertrocknetes Rötzchen

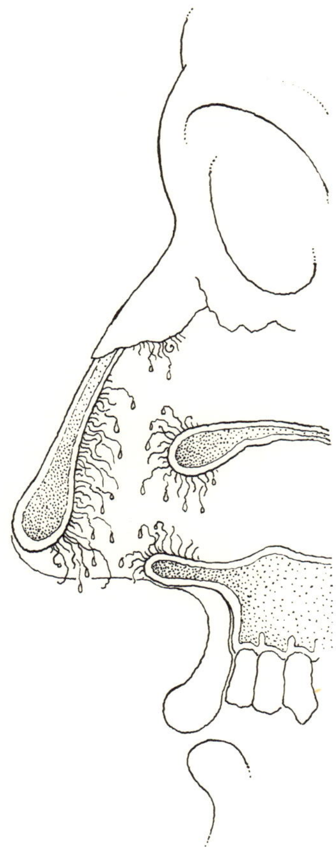

Brutstätten des Rötzchens

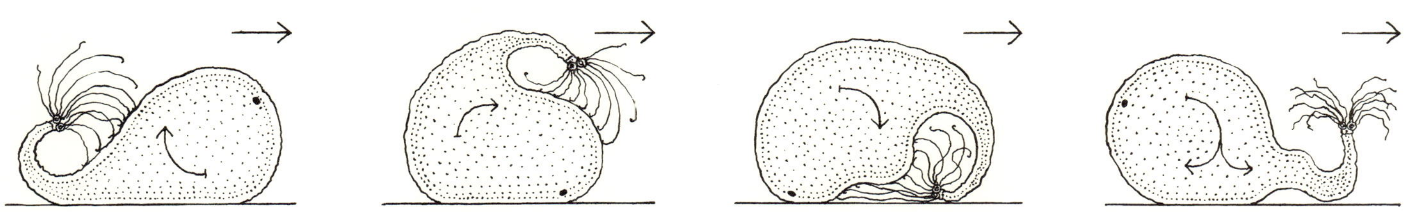

Schema des sowohl durch Geißelschlag wie auch amöboid ablaufenden Bewegungsvorganges des einzelligen Rötzchens

Die Monsterkugel

(Volvox supremus H.) – Klasse: Phytomonadina
Verbreitung: weltweit, besonders auch in Deutschland
Größe: über 10 Meter Durchmesser
Farbe: bunt, kein Vorherrschen einer bestimmten Farbe

Die Monsterkugel zählt zu den Nackten Geißelträgern und bildet dort eine außerordentlich merkwürdige Erscheinung. Man kennt ja die Flimmerkugel, deren Durchmesser im besten Falle 1/2 Millimeter erreicht. Die Monsterkugel nun ähnelt in ihrem Aussehen der eben erwähnten Volvox globator Ehrbg. aufs genaueste, nur hat sie Dimensionen, die alles Herkömmliche übersteigen. Man fand Kugeln von der Größe mittlerer Kürbisse, aber nicht genug an dem, immer wieder traten auch Tiere auf, deren Durchmesser zehn oder mehr Meter betrug. Diese Organismen, die ja aus unendlich vielen Einzelwesen bestehen, rollen nun außerdem noch zu Land umher und richten überall höchste Verwirrung an. „Ich wollte“, erzählt Moritz *Treitschke*, „an einem windigen Tag eben eine Anzahl erledigter Korrespondenzen zum nahen Postamt tragen, als in dem Augenblicke, da ich die Straßenecke zu gewinnen trachtete, urplötzlich ein ganz schreckliches Riesengebilde, einer Kugel nicht unähnlich, in ziemlicher Geschwindigkeit auf mich zurollte. Nur ein kühner Sprung über eine nahe Gartenumzäunung konnte mich vor dem Ungetüm retten. Ehe ich noch meine überraschten Sinne gesammelt hatte, war die Kugel schon weitergerollt, überall unermeßlichen Schaden anrichtend. An diesem Tage hatte ich meine Briefe in jenem Garten vergessen, man kann sich den für mich dadurch entstandenen Verlust lebhaft vorstellen!“ Und *Zünzelmann* weiß zu berichten: „Einer Begegnung mit einer riesenhaften Volvox kann ich mich noch außerordentlich gut erinnern. Geschah dies doch an jenem Tag, da meine herzliebe Mutter ihr neunzigstes Geburtsfest feierlich begehen wollte. Man darf es einem alten Mann glauben, daß er dazu sein Bestes beizutragen wünschte. So machte ich mich auf und besorgte der leckeren Dinge mehrere, süßen Konfekt, mancherlei Törtchen und Kuchen. Nicht ohne heiteres Geschäker mit dem lieblichen Ladenmädchen ging es ab, war ich doch ein getreuer Stammkunde. Schwer bepackt mit geheimnisvollen Schächtelchen wanderte ich sodann zum Hause meiner geliebten Mutter. Dort empfing man mich freudig. Schon war die ganze zahlreiche Familie versammelt. Nach dem feierlich-ernstmütigen Choral „So nimm denn meine Hände“ fanden sich alle mit ihren von Herzen kommenden Gratulationen ein. Mein Mütterlein dankte in bewegten Worten, wobei manch einer sich verstohlen eine Zähre der männlichen Rührung wegwischen mochte. Ein festliches Mahl beschloß den würdevollen Tag. Man ging in der frohen Gewißheit auseinander, einer seltenen Gelegenheit beigewohnt haben zu dürfen. Was Wunder, wenn sich in die Erinnerung an diese schönen Stunden auch die an die Monsterkugel (Volvox supremus H.) mit einschließt!“ Soweit *Zünzelmann.*

Die Volvox bewegt sich mittels eines gleichgerichteten Flimmerschlags zahlloser Geißeln, eine Erscheinung, die, wie Victor *Franz* zu Recht bemerkt, „wohl jedem Biologen seit *Leeuwenhoeck* schon Freude gemacht hat“. Überhaupt scheint die Organisation all der hier vereinigten Einzeller ganz vorzüglich zu funktionieren. Geradezu gräßlich muß es sein, wenn eine Monsterkugel sich zerteilt. Da sollen die Brocken umherspritzen wie bei einem Feuerwerk. „Unauslöschlich ist mir die Erinnerung an das große Feuerwerk zu Ehren des Kaisers an seinem achtzigsten Geburtstag“, schreibt *Perlacher.* Aus solchen und ähnlichen Äußerungen kann man sich die Gewalt einer derartigen Volvoxteilung vorstellen, ja es soll vorkommen, daß eine Monsterkugel dabei in Millionen winzigster Kügelchen völlig zerstäubt und sohin wie gänzlich abhandengekommen erscheint. *Zünzelmann:* „Wir suchten damals in großer Not die zu Boden gefallenen Perlen einer kostbaren Halskette meiner verehrten Großmutter (Linie v. Zabern).“

Es ist bisher nicht befriedigend gelungen, die Monsterkugel einer nützlichen Verwertung zuzuführen. Schon lange hat es besonders die deutsche Gelehrtenwelt verstimmt, mitansehen zu müssen, wie derart ungeheure Ballungen an Energie tatenlos in die Umwelt verlaufen. Doch entzieht sich die Volvox geschickt jedem Eingriff. Es scheint, daß hier die verschwenderische Natur ihre Allmacht zu zeigen bestrebt ist, der auch gründlichster Gelehrtenfleiß nichts anzuhaben vermag. Doch ist es vielleicht nur mehr eine Frage der Zeit, daß man der Monsterkugel beikomme. Schon erheben sich allenthalben Stimmen, derartige Erscheinungen der Tierwelt mit Rücksicht auf die Volksgesundheit überhaupt zu verbieten. Der Tierfreund wird sich also beeilen müssen, will er der Monsterkugel noch ansichtig werden.

Volvox supremus H.

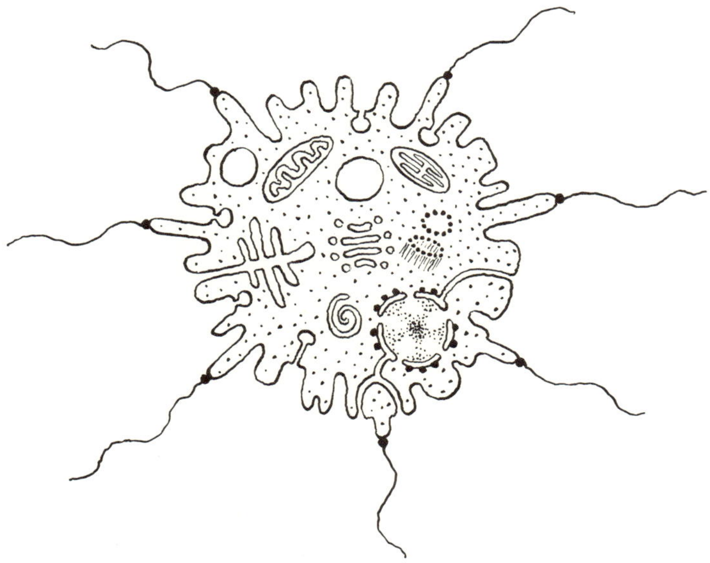

Eine Einzelzelle der Monsterkugel

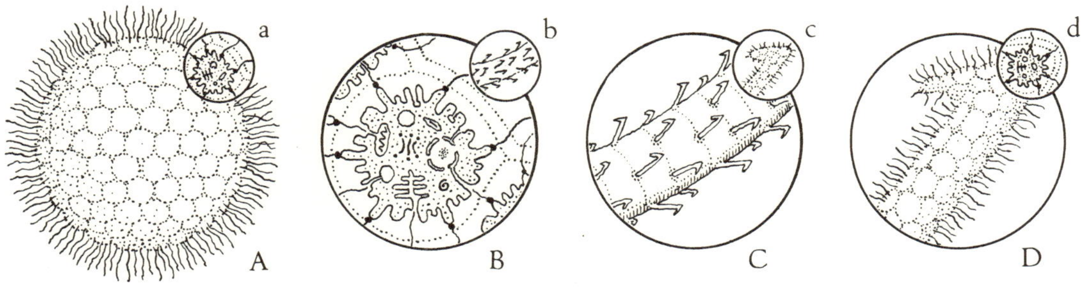

Die unendliche Kette der Monsterkugel
A kleine Monsterkugel (natürl. Größe), a eine Zelle der Monsterkugel; B dieselbe vergrößert, b eine Geißel der Zelle; C die Geißel vergrößert, c ein Häkchen der Geißel; D das Häkchen vergrößert, d eine Zelle des Häkchens

Wahrscheinlich älteste Darstellung einer Monsterkugel (Paläolithikum) Ko Phraya Nak, Siam

Der Pafnuz

(Paphnutius elegans Ehrenh.)
Klasse: Scyphomedusae
Verbreitung: weltweit in den Meeren
Größe: etwa 20 cm hoch
Farbe: zwischen grün und rot wechselnd

Der Pafnuz gehört zu den Nesseltieren (Cnidaria) und hier wiederum in die Klasse der Scyphomedusen, der Scheibenquallen. Er hat ein sehr merkwürdiges Aussehen, ähnelt er doch verblüffend einem alten Mann unter einem Regenschirm. Dies mag auch zu seiner Benennung geführt haben. Jedenfalls wirken die ungefähr 20 cm großen Tiere sehr possierlich. Sie schwimmen meist frei im Meer umher und werden in allen Regionen der Erde angetroffen. Ihre Farben wechseln von tiefgrün bis leuchtend rot, so daß man die Pafnuze so recht als die Chamäleons der See bezeichnen könnte. Die Fortbewegung geschieht übrigens mittels herabhängender Tentakel, die an dem unteren Ende der Qualle, das man etwa mit den Füßen des Mannes vergleichen könnte, ansetzen. „Schon bei meiner ersten Tauchstunde", schreibt *Royman,* „begegnete ich kuriosen Lebewesen. Mir schien, als ob mir kleine, vortrefflich gekleidete Gentlemen, die allesamt ihren Regenschirm entfaltet hatten, entgegenkämen, nicht ohne dabei freundlich zu winken. Doch machte mich genauere Beobachtung auf das Mißverständnis aufmerksam. Ich war hier nicht in einen Unterwasserclub geraten, sondern einem Schwarm von Pafnuzen begegnet." Die Tiere werden übrigens von den Briten umbrella-dwarfs genannt. *Royman* hat auch die recht eigentümliche Entwicklung der Pafnuze festgehalten.

Der Pafnuz ist ein Zwitter. Die aus den Eiern hervorkriechenden Larven kleben paketartig bis zu 50 Stück zusammen und werden von einem ausgewachsenen Pafnuz, unter Tentakeln festgehalten, mit sich geführt. Sie nähren sich von kleinen Lebewesen des Wassers, etwa Schrumpfblüten oder kleineren Fischen, während die ausgewachsenen Tiere sich auch an größere Fische heranmachen und ihre Opfer rettungslos mit Tentakeln umwinden. Hat ein Pafnuz sein Larvenpaket einige Zeit lang umhergeschleppt, so zerfällt auf einmal der Larvenverband, die einzelnen, nun kräftigen Larven, die die Gestalt einer Rübe haben, sinken zu Boden, entfalten dort nach wenigen Stunden ihren Schirm und sind damit zu ordentlichen Pafnuzen herangewachsen.

Trotz seines Regenschirms besteht der Pafnuz zu 98 Prozent aus Wasser, wird er also einmal ans Land geschwemmt, so bleibt, wie *Möbius* feststellte, nicht viel von ihm übrig. Dennoch war auf der Weltausstellung 1862 in London in einem Bassin ein Pafnuz ausgestellt, der sichtlich Gefallen an den vielen wohlerzogenen Beschauern gefunden hatte und ihnen jedesmal freundlich unter seinem Schirm mit einem Tentakel zuwinkte. Als Ihre Majestät, die Königin Victoria, den betreffenden Pavillon besuchte, soll der Pafnuz wie toll in seinem Behälter umhergeschwommen sein. Leider hat ein verantwortungsloser und böser Bursche, ein nachher gefaßter und verdientermaßen streng bestrafter gewisser Samuel Hamphrew, damals Brausepulver in das Bassin geschüttet, so daß die arme Qualle elend zugrunde ging, nicht ohne vorher säuberlich ihren Schirm zusammengefaltet zu haben. Wenn die Tiere sterben, so ziehen sie nämlich, wie *Royman* beobachten konnte, ihren Schirm ein und zerplatzen sodann an hundertprozentiger Überwässerung.

PAPHNUTIUS ELEGANS EHRENH.

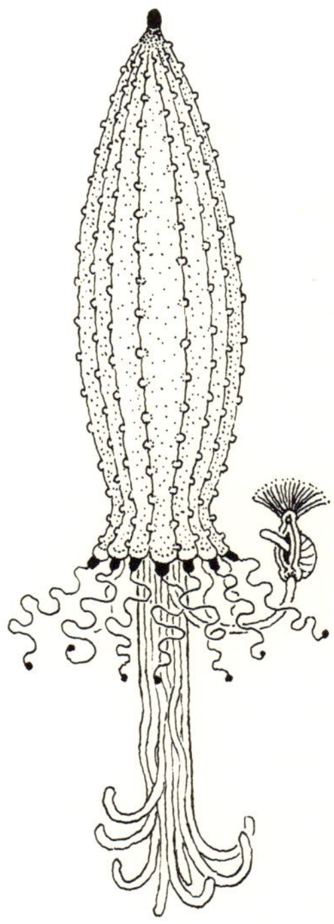

Der Pafnuz in geschlossener Form

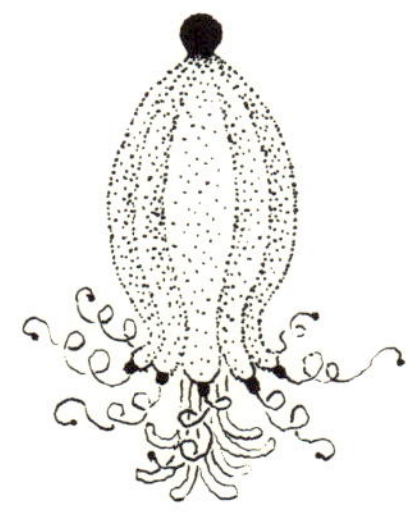

Junger Pafnuz

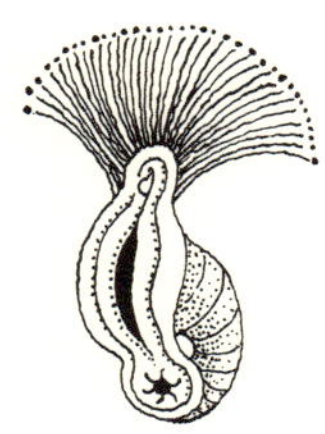

Die feuchte Fächermuschel,
ständiger Begleiter des Pafnuz

Der Pafnuz in seiner offenen Form

Der Ölwurm

(Spina oleofacta Zurm.) – Klasse: Trematodes
Verbreitung: weltweit
Größe: maximal 180 cm lang
Farbe: grau bis gelbgrau

Der Ölwurm gehört – trotz seines Aussehens – nicht in die Ordnung der Bandwürmer (Cestodes), wohl aber in die der Saug- oder Lochwürmer, wo er eine sehr eigentümliche Familie darstellt. Wie alle Trematoden ist auch er ein Schmarotzer, der sich von den Körpersäften seiner Wirte, ihrem Schleim, Blut oder Darminhalt nährt. Der nicht besonders lange Wurm – man kennt kaum Exemplare über 180 cm – zeigt eine eher abgeplattete Gestalt; vorn, in der Mitte und am Hinterende ist er mit Saugnäpfen versehen. Wie die meisten der Trematoden ist er ein Zwitter. Man findet den Ölwurm über die ganze Erde verbreitet. Er liebt feuchte Gegenden, wo er sich seine Wirte sucht. Am meisten befällt er größere Säuger, auch der Mensch ist vor ihm nicht gefeit.

Ähnlich wie die der gefürchteten Leberegel gelangen auch die Eier des Ölwurms meist mit dem Kot befallener Tiere an die Außenwelt. Manch ein rüstiger Wanderer weiß nun nicht, daß er, wenn er seine Hände naturfroh an Gräser oder Wiesenblumen streifen läßt, die daran haftenden Parasiteneier aufnimmt. Über den Mund gelangen sie schließlich in das Verdauungssystem des Wirtes und siedeln sich dort im Darm an.

Lassen wir den größten Kenner des einheimischen Schmarotzertums und zugleich den ersten Zoologen, der die Gefährlichkeit des Ölwurms eindringlich dargestellt hat, den deutschen Gelehrten Alfred *Zurmann* sprechen: „Die an sich widerstandsfähigen Eier entwickeln sich", so *Zurmann,* „in der ihnen angenehmen Wärme des Darmes sehr rasch. Das embryonale Stadium ist bald überwunden, und binnen kurzer Zeit wächst der Wurm zu stattlicher Länge heran. Nun wird ihm das enge Gehäuse zu klein, er sucht sich Platz und nähert sich mit dem vorderen Ende dem After. Hat er aber einmal seinen Kopf ins Freie gesteckt, so genügt ihm das vollauf. In dieser Lage, zum größten Teil im Darm des Wirtstieres verborgen und nur mit dem Kopf an der Außenwelt, verbringt der Wurm sein Leben. Um sich Nahrung zu verschaffen, saugt er mit dem Mund in der Aftergegend Verdauungssäfte und eventuell auftretendes Blut. Er legt seine Eier im Darm ab, wo sie sich bald entwickeln. Durch kleine Verletzungen, die von den Saugstellen des Wurmes herrühren, entstehen in der Darmwand des Wirtes eitrige Entzündungen. Sie können, werden sie nicht rechtzeitig erkannt und behandelt, zur völligen Zerstörung des Darmtraktes und in weiterer Folge zum Tod des Wirtes führen."

Der Ölwurm hat seinen Namen von einer gelblichen schleimigen Flüssigkeit, die sein Wassergefäßsystem erfüllt. Gelegentlich spritzt er diese Flüssigkeit mit dem Mund aus, offenbar um inneren Druck auszugleichen. Man hat nun Versuche unternommen, die Würmer der Wirtschaft zuzuführen, in den man sie zu Tausenden maschinell zerstampfte. Die solcherart entstandene Flüssigkeit, leider außerordentlich übelriechend und von unangenehm fauligem Geschmack, war zwar in der Nahrungsmittelindustrie nicht verwertbar, entpuppte sich jedoch, als man sie durch Entzündung vernichten wollte, als langbrennender und außerordentlich kalorienreicher Energieträger. Bis jetzt ist es allerdings noch nicht gelungen, diesen vielversprechenden Umstand geeignet auszunützen. Doch könnte es sein, daß eine in naher Zukunft auf die Menschheit zukommende Verknappung der mineralischen Energiequellen den Ölwurm tatsächlich wirtschaftlich interessant erscheinen läßt. Die Vision einer Energiequelle, die jedermann in sich selbst tragen könnte und die ihm daher ungehindert (und gewissermaßen unkontrolliert) zur Verfügung stünde, hat derzeit vielleicht noch viel Utopisches an sich, steht aber nicht jenseits der Verwirklichungsmöglichkeiten. Es würde darauf ankommen, einen Mechanismus zu entwickeln, der es dem Menschen ermöglicht, seinen Schmarotzer zu ernähren und ihn gleichzeitig partiell auszuquetschen. Der gesamtwirtschaftliche Vorteil solcher Symbiose steht jedenfalls außer Zweifel. Viel gibt es da noch für die Forschung zu tun, soll der Anspruch des humanen Primats über die Natur eines Tages total verwirklicht werden!

Spina oleofacta Zurm.

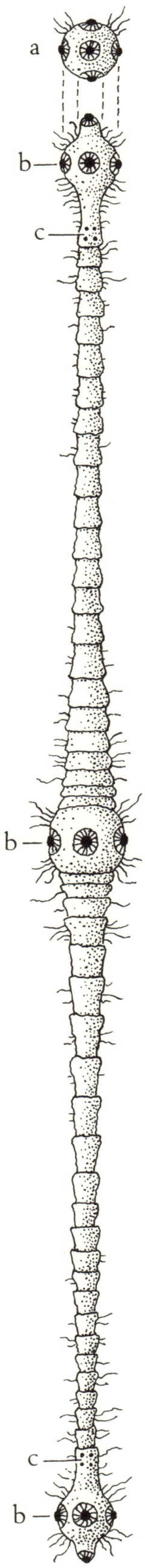

Der Ölwurm
a Vorderansicht
bbb Aftersaugnäpfchen
cc Augen

Kot des Afrikanischen Ölwurms, besonders für magische Rituale geeignet

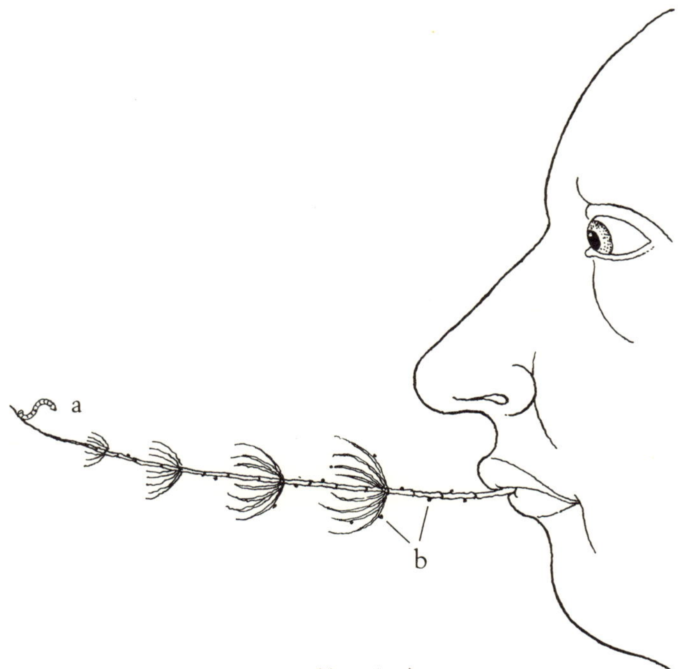

a Der harmlose Rhynchodemus terrestris
b Eier des Ölwurms

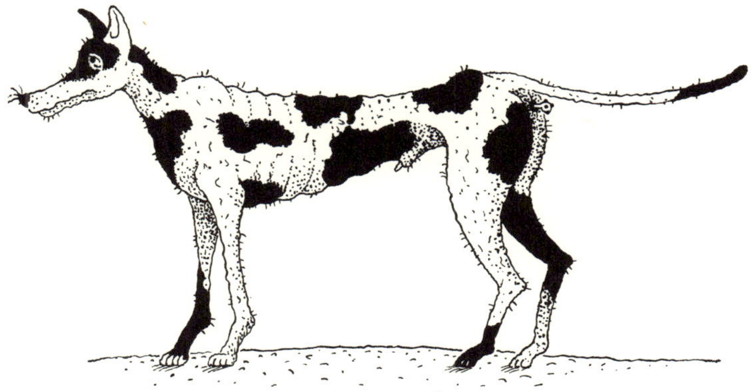

Haushund mit Ölwurm (nach einem Jahr)

WS

Der Falsche Ohrwurm

(Forficula falsa Bek.) – Familie: Fasciolidae
Verbreitung: weltweit, vor allem im Verbreitungsgebiet der Gehörschnecke
Größe: bis zu 4 cm Länge
Farbe: gelblich

Der Falsche Ohrwurm, den man nicht mit den Echten Ohrwürmern (Dermaptera genuina) verwechseln darf, macht seinem Namen sozusagen keine Ehre. „Die alte unsinnige Fabel“, sagt Richard *Heymons*, „derzufolge die Ohrwürmer mit Vorliebe in das menschliche Ohr kriechen und das Trommelfell zerstören sollen, bedarf keiner Widerlegung.“ Auch der Falsche Ohrwurm zeigt sich am menschlichen Ohr gänzlich uninteressiert, was eingehende Versuche deutlich erkennen ließen. Hingegen weiß man seit einiger Zeit, daß die Forficula falsa es auf Schnecken und hier wiederum besonders auf die Cochlea communis R. (siehe den Artikel) abgesehen hat. Ihr kriecht er gerne ins Gehäuse und nistet sich dort ein, nicht ohne auf die Dauer der Schnecke lästig zu werden. Bedarf er doch einiger Nahrung, die er sich selbst beschafft, indem er das Gehäuse annagt, vor allem die Membrana tympani. Im Lauf der Zeit sieht die Schnecke, der selbst nichts geschieht, ihren so kostbaren Schutz völlig durchlöchert und zerfressen. Bei der bekannt empfindsamen Lebensweise der Cochlea bedeutet das einen folgenschweren Zustand: das Tier sieht sich aller Rückzugsmöglichkeit beraubt und platzt schließlich schutzlos bei geringster Gefahr auseinander. Darauf hat der Falsche Ohrwurm nur gewartet. Die aus der Schnecke ausrinnende Flüssigkeit ist ihm eine offenbar langersehnte Wohltat. Er legt seine Eier in das köstliche Naß, und damit hat er für sein Fortleben das Äußerste getan. Die Larven entwickeln sich sehr rasch, und bald können junge Ohrwürmer auf die Suche nach weiteren Gehörschnecken gehen.

Der Falsche Ohrwurm ähnelt in seinem Bau ziemlich stark den Digenea, lästigen Innenschmarotzern. Wenn von diesen Tieren immer wieder behauptet wird, sie seien unappetitlich – „die Köchin wirft entrüstet den Blumenkohl von sich, wenn beim Abputzen und Zergliedern des Kopfes ein Leucochloridium paradoxum Carus ans Tageslicht kommt“ (Richard *Heymons*) –, so kann freilich Gleiches von der Forficula falsa nicht gesagt werden. Im Gegenteil: Das peinliche Vermeiden aller menschlichen Nahrung darf dem Falschen Ohrwurm hoch angerechnet werden, und seine Vorliebe für die Gehörschnecken mag man als Laune der unerschöpflichen Natur hinnehmen.

Forficula falsa Bek.

Ein vom Falschen Ohrwurm völlig durchlöchertes Gehörschneckengehäuse

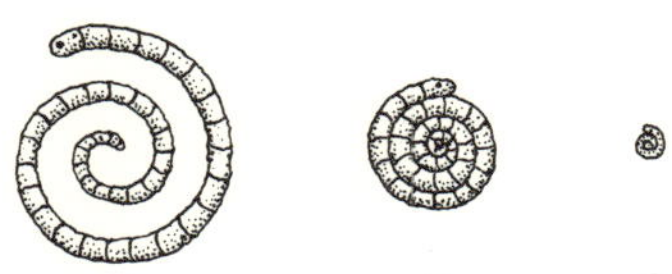

A B C

Falscher Ohrwurm in Ruhestellung: A im Sommer, B im Winter, C Junger Ohrwurm im Sommer

W.S

Der Blaswurm

(Rhabditis crescens Leib.) – Familie: Strongyloides
Verbreitung: weltweit
Größe: 2–2500 mm
Farbe: fleischfarben, grünlich, mitunter fast durchsichtig

Zu den Strongyloiden, einer Familie der Fadenwürmer (Nematodes), gehört der Blaswurm, dessen merkwürdiges Äußere schon öfters beschrieben wurde. Hat seine wechselnde Größe doch vielen Forschern zu schaffen gemacht. „Ich erinnere mich des eigenartigen Eindrucks," schreibt *Zünzelmann* in seinen *Beobachtungen aus der Welt der Natur*, Leipzig 1902, „den ein Wurm auf mich machte, dem ich unweit Peking, genauer gesagt der Station Kü-wi sen, etwa 12 Kilometer vor der chinesischen Hauptstadt, begegnet bin. Das seltsame Tier schien aus weiterer Entfernung winzig klein, auf keinen Fall größer als zwei, drei Millimeter zu sein, in der Nähe hatte es die furchterregenden Ausmaße eines Lokomotiventenders. Als ich, maßlos erschrocken, einige Meter zurücklief und mich dann furchtsam umblickte, war wiederum nur ein Würmchen von kaum mehr als drei Millimeter zu erkennen, doch bei der geringsten Annäherung schwoll das Tier zu ungeheuren Maßen an. Dabei war der Wurm so gut wie unbeweglich, schien nur von einem inneren Schwellapparat angetrieben." Wir fügen hinzu, daß der Blaswurm jedoch im allgemeinen von erstaunlicher Beweglichkeit zu sein scheint, kann er doch ohne weiteres Entfernungen über mehrere Kilometer hinter sich legen. So gut wie unerforscht ist bis heute der merkwürdige Mechanismus, der es dem zumeist grünlich schimmernden Tier ermöglicht, sich derart aufzublasen. Man weiß auch noch nicht, wie lange der Wurm im aufgetriebenen Zustand zu verharren imstande ist. Findet man tote Blaswürmer, so zeigen sie leider immer nur die winzigen Ausmaße weniger Millimeter. Ist es also Luft, womit sich der Wurm vergrößert?

Recht unverständlich ist auch die Tatsache, daß die Eier des Wurms kaum 1/100 Millimeter groß sind, die nach wenigen Tagen daraus entwickelten Würmer aber sofort sich zu der Größe ansehnlicher Ofenröhren aufblasen. Welch launiges Spiel betreibt hier die Natur! Der Blaswurm ist übrigens über die ganze Erde verbreitet, auch in Deutschland wird er immer wieder gefunden und hat schon öfters Anlaß zu groben Späßen gegeben, wie sie dem wahren Tierfreund ganz fremd sein müssen. Das rohe Wort: „Das ist ja der Gustel von Blasewitz!" sei hier nur als ein Beispiel solch widerwärtiger Belustigungen genannt. Der ernsthafte Liebhaber der Natur versteht ohnehin nicht, was an den Tieren den Menschen zum Lachen reizen könnte, ihm ist alles Gewitzel über die unendliche Vielfalt der Schöpfung ekelhaft, er bewundert den weisen Plan in allem Lebendigen und spricht höchstens voll Ehrfurcht: „Gott, wie groß ist dein Tierreich!" Er weiß, die Tiere sehen ihn an und harren seiner Fürsorge und seines Forscherdrangs.

Zurück zum Blaswurm. In manchen Alpengegenden wird das Tier zum Aderlassen gebraucht, weil es sich dazu wegen seines schlauchartig auftreibbaren Körpers vorzüglich eignet. Da der Rhabditis nicht ungern vom Blut der Warmblütler sich nährt, scheint ihm diese Verwendung zu bekommen. Mehrfach ist ein erfolgreicher Ansatz von Blaswürmern bei apoplektischen Personen bezeugt, doch müssen bei der Verwendung der Tiere die Schwendtage vermieden werden, da an diesen so ziemlich alles schlecht ausgeht.

Rhabditis crescens Leib.

Blaswurm in ruhender Stellung, vergrößert

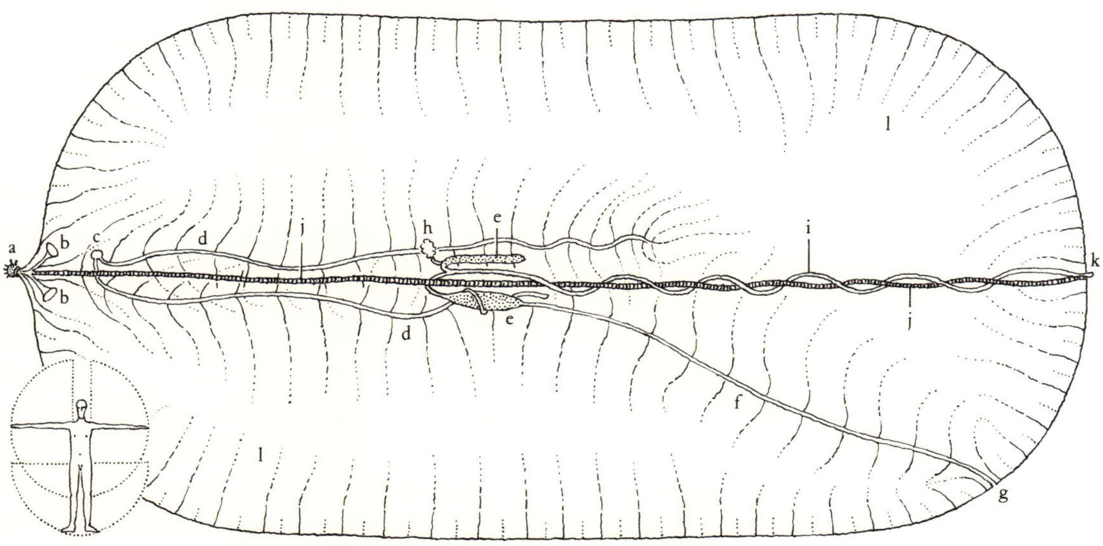

Darstellung eines aufgeblasenen Blaswurms. Zum Vergleich der Mensch, als Maß aller Dinge.
a Kopf, bb Blasdüsen, c Gehirn, dd Nervenstränge, ee Samentaschen, f Samenstrang, g Geschlechtsöffnung
h Keimdrüse, i Spiralpenisraum, jj Hauptdarm, k After, ll Luftkammern

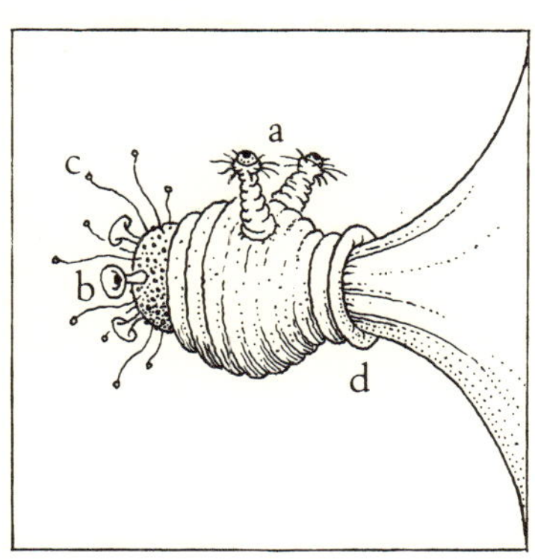

Kopf des sich selbst aufblasenden Blaswurms
a Augen, b Saugnäpfchen, c Tasthärchen, d Mund

Der Weisse Polsterwurm

(Gnatho culcitae Horv.) – Familie: Ascarididae
Verbreitung: in allen zivilisierten Ländern
Größe: etwa 2 cm
Farbe: weißlich

Der weiße Polsterwurm gehört in gewisser Hinsicht in die Familie der Ascariden, bildet aber eine deutlich abgesetzte Sondergruppe. Anders als die Spulwürmer, die sich gern im Darm des Menschen aufhalten, findet sich der Polsterwurm gerne in den Kopfkissen und Bettzeugen, wie man sie überall in der zivilisierten Welt verwendet. Hier haust er, von den Federn oder sonstigen Füllungen der Polster beschützt, und treibt sein friedliches Wesen. Das etwa 2 cm lange schlanke Tierchen nährt sich von feinsten Textilfasern, solange ihm nichts besseres zur Verfügung steht. In einer Art Dämmerzustand verbringt es seine Tage, und auch zur Nachtzeit ruht es mehr oder weniger bewegungslos im weichen Flaum seiner Umgebung. Im allgemeinen kommt der Wurm mit den Federn in die Polsterfüllungen, werden doch seine Eier gerne vom Federvieh übertragen. Neuerdings aber hat man auch Wurmeier auf Schaumgummi und ähnlichen Substanzen gefunden; der Polsterwurm darf also nicht als einseitig gelten. Solange die Tiere, die in der Wärme des Polsterinneren heranwachsen, mit der Nahrungsaufnahme zum Zwecke der Entwicklung beschäftigt sind, wird der Mensch ihr Vorhandensein kaum bemerken, es sei denn, er schnitte seine Kopfpolster auf, um ihren Inhalt zu prüfen. Nach etwa einem halben Jahr aber kommt die Zeit, da die Würmer sich zu vermehren beginnen. Die Begattung erfolgt noch in aller Stille. Während aber die Weibchen die Legereife abwarten, gehen die Männchen, nunmehr aufgabenlos geworden, auf Wanderung. Sie durchdringen die Federnhülle, fressen sich durch den umgebenden Kissenüberzug und gelangen ins Freie. Da dies, aus noch nicht untersuchten Ursachen, meist zur Nacht geschieht, merkt der ahnungslos schlafende Mensch nichts davon. Die Würmer, die nun zu Dutzenden aus dem Kopfkissen, aus Daunendecken oder sonstigen Bettpolstern kriechen, werden sofort von der menschlichen Wärme angezogen und suchen ihren Weg in den menschlichen Körper. Dazu sind ihnen alle Öffnungen recht. Sie scheuen aber auch nicht davor zurück, dünne Hautstellen einfach zu durchfressen. So geraten sie an vielen Stellen in den menschlichen Körper, und dies so rasch und einfach, daß der Schlafende höchstens ein angenehmes Jucken verspürt. Am nächsten Morgen aber weiß der Erwachende nicht, daß sein Inneres von den Polsterwürmern bereits in Besitz genommen ist; erst in den folgenden Tagen wird er es an auftretenden Beschwerden, wie Übelkeit, Erbrechen, Stuhlreiz, Ausfluß und ähnlichem entdecken. Nun ist rasche Hilfe nötig! Wird nämlich nicht sofort durch Einnahme starker Medikamente, über deren Anwendung der Arzt zu bestimmen hat, dem Treiben der Würmer Halt geboten, so können die sich rabiat gebärdenden Tiere innerhalb weniger Tage das Innere des Menschen zur Gänze zerfressen, so daß der Bedauernswerte nach kurzer Zeit eines schrecklichen Todes dahinstirbt.

Leider ist es bisher nicht gelungen, den weißen Polsterwurm schon in seinen Anfängen wirksam zu bekämpfen. Selbst die Desinfektion von Polsterfüllmassen vermag nicht, die außerordentlich widerstandsfähigen Eier des Wurms zu vernichten. Manche Forscher sehen die einzige Möglichkeit darin, den Männchen nach der Begattung einen neuen Lebensinhalt zu geben. Da die Tiere, wie Versuche im Institut für Verhaltensforschung, Bad Künzau, ergeben haben, auf Musik erstaunlicherweise mit ruhigem Verhalten reagieren, läge darin vielleicht eine Methode, die Tiere vom Wandern abzuhalten. Hier muß findiger Menschengeist noch den geeigneten Weg erkennen, damit diesem Übel ein für allemal Einhalt geboten werde.

GNATHO CULCITAE HORV.

Der Polsterwurm (leicht vergrößert)

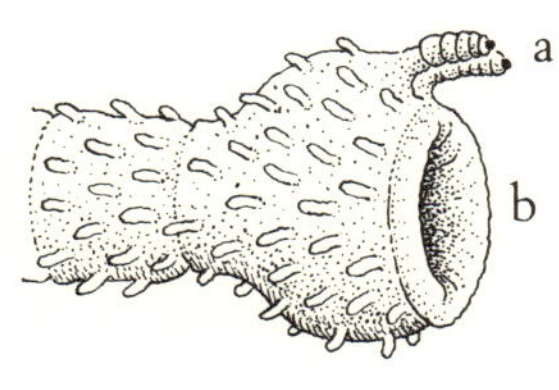

Der Kopf des Polsterwurms
a Augenfühler
b Saugnapfmaul

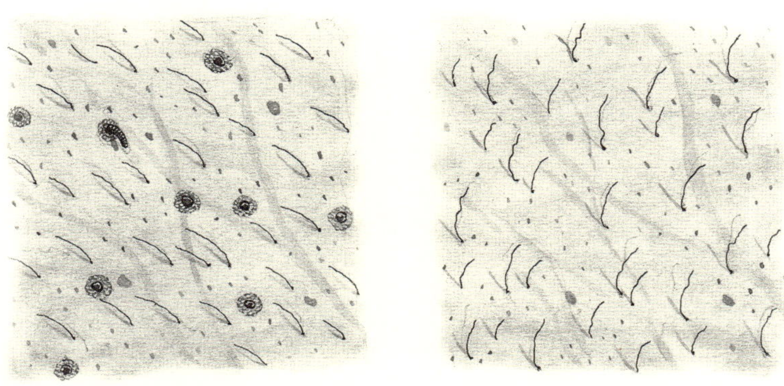

A B

Die menschliche Haut
A kurz nach dem Eindringen des Polsterwurms B Nach etwa einer Stunde: Eintrittstellen sind verschwunden

Deutsches Einheitsbett, von Polsterwürmern völlig durchsetzt

W.S

Der Ringwurm

(Circulus authepsa Levèv.)
Klasse: Acanthocephali
Verbreitung: Äquatorialzonen, vor allem Afrika
Größe: Ringdurchmesser bis 50 cm, Ringstärke etwa 8 cm
Farbe: bräunlich gefleckt

Der Ringwurm zählt zu den Kratzern (Acanthocephali), bildet dort aber eine eigene Familie. Er ist ein sogenannter Selbstschmarotzer, d. h. er besitzt die erstaunliche, wenngleich preiswürdige Eigenschaft, die es einem Tier ermöglicht, von sich selbst zu leben, ohne sich dabei zu zerstören. Wie sein Name sagt, hat der Ringwurm die Gestalt eines geschlossenen Ringes. Dies erklärt sich aus der Tatsache, daß der Wurm mit seinem Mund fest an seinem After angewachsen ist. Der Leib des zumeist bräunlich gefleckten Tieres hat eine Stärke von 4–8 Zentimetern, der Durchmesser des Ringes kann bis zu 50 Zentimetern zählen. Ein sinnreiches Verdauungssystem ermöglicht es dem Tier, seine eigenen Verdauungssäfte als Nahrung aufzunehmen und sie wiederum zu verdauen, wobei neue Säfte hinzuproduziert, werden. Was als Exkrement aus dem After fließt, wird sofort vom Mund als Nahrung wieder aufgenommen. So gedeiht der Ringwurm prächtig und scheint sich in seiner Haut wohl zu fühlen. Angesichts einer so wunderbar sich selbst erhaltenden Natur muß sich der Mensch freilich seiner morphologischen Mangelhaftigkeit bewußt werden. Während es einem so niederen Tier wie dem Circulus gelingt, ohne Inanspruchnahme oder gar Vertilgung anderer Tiere zu gedeihen, handelt der homo sapiens geradezu gegensätzlich. Nicht nur bedarf er für sein Fortkommen einer Fülle von Nahrungsstoffen, die er der pflanzlichen und tierischen Welt entnimmt, als exzentrischer Rasling (Lyophyllum decastes Sing.) wütet er auch noch gegen jene Energiespender, auf die er so angewiesen ist, und zerstört die Natur allenthalben, anstatt sich an ihr ein Beispiel zu nehmen. Vielleicht vermag das Verhalten des Circulus Authepsa Levèv. hier eine Anregung zu geben!

Es darf übrigens nun auch nicht wundernehmen, daß der Ringwurm ein sich selbst befruchtender Zwitter ist. Die Eier legt er in Erdlöcher ab, wo sie sich innerhalb kurzer Zeit gut entwickeln. Man findet den Circulus zumeist in den heißen Regionen der Erde, vornehmlich in Afrika. Er liebt den feuchten Tropenboden, wo er gelegentlich in wahren Haufen auftreten kann. „Mir fiel auf", schreibt Carl von *Tützlow*, „daß die Eingeborenen sich mit einer hübschen Art von Ballspiel vergnügten. Doch warfen sie einander keine Bälle zu, sondern Ringe, die sie geschickt mit den Armen auffingen. Erst später fand ich heraus, daß es sich dabei um ausgewachsene Exemplare des Circulus authepsa Levèv. handelte."

Da der Wurm zumeist in nahezu steifem Zustand verharrt, hingegeben an seine Verdauungstätigkeit, eignet er sich freilich vorzüglich für solche harmlosen Spiele. Man hat auch versucht, ganz junge Ringwürmer, bei denen der Ring nicht mehr als drei Zentimeter maß, als Schmuck für zarte Damenhände anzupreisen, doch kann diese originell sein wollende Idee nur auf das schärfste abgelehnt werden. Das arme Tier würde unter der Ausdünstung der menschlichen Haut binnen Kürze elend zugrunde gehen.

Eine andere Verwendung des Ringwurms im Bereich menschlicher Zivilisation freilich scheint geeignet, dem Tierfreund ein Gefühl echter Genugtuung zu bereiten, zeigt sie doch so recht, wie vorsorglich die Natur ihre Lebewesen in den großen Plan des Daseins einfügt. Der Circulus läßt sich, vor allem da er, wie eingehende Beobachtungen von *Kurz* und *Levèvre* darlegten, ein Alter von mehreren Jahren erlangen kann, vorzüglich als Sitzbrett (sogenannte „Brille") für englische Wasserklosetts verwenden. Da der Ringwurm eine äußerst glatte, hübsch gemusterte Haut aufweist, da sein Körper steif und doch auch wieder nachgiebig sich anfühlt, da die Gestalt des Wurms oben etwas abgeplattet ist, kann man sich vorstellen, wie angenehm es sich auf einem solchen Ring sitzen läßt. Er ist zudem jederzeit vortrefflich angewärmt, da der Circulus die Eigenschaft hat, mangelnde Wärme der Außenwelt durch eigene zu ersetzen, eine Tatsache, die ihn von anderen Würmern deutlich unterscheidet. Übrigens scheint dem Ringwurm die Örtlichkeit des Klosetts zu behagen, ähneln doch die dort auftretenden Gerüche stark denen der Tropen, wo schwüle Lüfte und der Duft einer üppigen und zumeist fauligen Vegetation eine typische Atmosphäre schaffen. Nicht ohne Rührung wird der Tierfreund zur Kenntnis nehmen, wie noch solch ein unbedeutend scheinendes Tier wie der Circulus authepsa dem Menschen in einem wesentlichen zivilisatorischen Belang aufs beste dient.

Circulus authepsa Levèv.

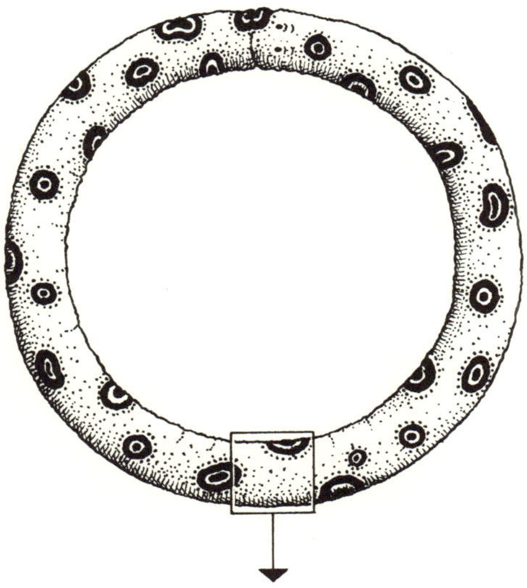

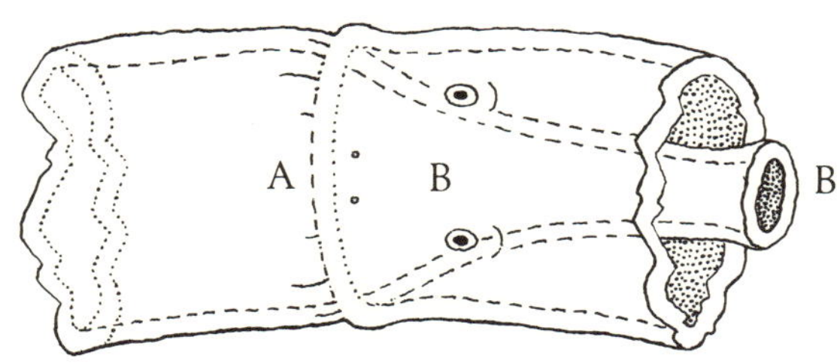

Ausschnitt: After-Maulregion
A Maul
B After oder Schlund

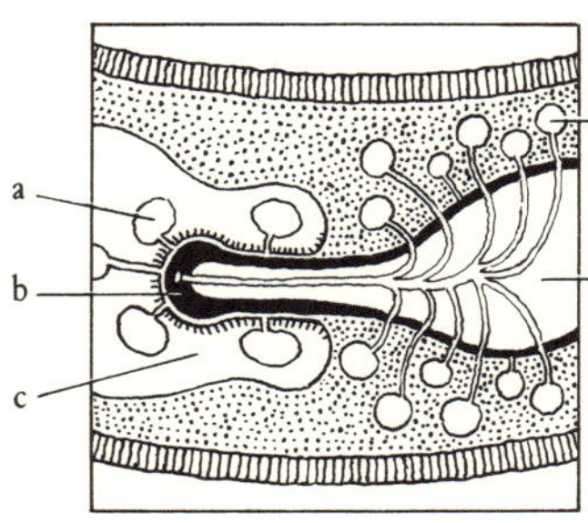

Ausschnitt: Der Geschlechtsteil des Ringwurmes
a Gleitsafträume
b Schwellkörper (ständig steif)
c Vagina
d Hoden
e Penis

Mit Ringwürmern geschmücktes Bubumädchen (Nach K.v. Dadelsen: Körperbau und Charakter in Deutsch-Südwestafrika)

Der sehr seltene Zwillingsringwurm

Die Gehörschnecke

(Cochlea communis R.) – Ordnung: Pulmonata
Verbreitung: weltweit
Größe: bis etwa 40 mm
Farbe: knochenfarben, gelbgrau

Immer wieder ist der Tierfreund überrascht von der unendlichen Vielfalt der Gastropoden, der Schnecken. „Für den Kenner", sagt Heinrich *Simroth*, „bilden die Schnecken, die allein von allen Mollusken das Land betreten und alle bewohnbaren Erdräume sich dienstbar gemacht haben, vom Gletschereis bis zur tropischen Wüste, von der tosenden Brandung bis zu den dunkeln Abgründen der Tiefsee, ein überreiches Gebiet, das beherrschen zu wollen er sich versagen muß bei der Kürze des Menschenlebens. Es gibt keine Klasse im Tierreich, die Ähnliches leistete!" Und wahrlich, der Mensch steht beschämt vor der verschwenderischen Fülle, mit der die Natur hier ihr Allvermögen zur Schau stellt und angesichts derer jedes Menschenwerk nur wie lächerlicher Krimskrams wirken mag! Ja, er kann nicht einmal bei der weise durchdachten Anatomie der Gastropoden mithalten, bedenkt er nur aufrichtig seinen anfälligen Corpus. Schon in Einzelheiten sind die Schnecken dem Menschen weit überlegen. Man halte sich das Wachstum etwa einer Ackerschnecke (Limax agrestis L.) vor Augen! Jedem Tierkenner ist es völlig einsichtig, daß sich die rechte Mantelseite weniger stark ausdehnen kann als die linke. „Es ist dabei", um noch einmal *Simroth* zu zitieren, „keineswegs nötig, daß der After nach rechts rückt, er kann weiter hinter dem Mantel liegen und unbeeinflußt bleiben." Voraussicht der Natur! Was ist dagegen das vergängliche und mühevolle Planen des Menschen?

Hier sei nun einer besonders eindrucksvollen Schneckenart gedacht, deren Kenntnis wir eingehenden Beobachtungen namentlich durch Karl *Uitz,* dem unermüdlichen Molluskenforscher, verdanken. Wir meinen die Gehörschnecke (Cochlea communis R.), in Alpenländern auch Waschelwurm genannt. Ihr komplizierter Bau, von dem unsere Abbildungen eine Vorstellung geben möchten, ist ein wahres Wunderwerk sinnvoller Formung. Besonders aber muß die dadurch bedingte Empfindlichkeit dieser Tiere hervorgehoben werden. Beim geringsten Geräusch, auf das die Gehörschnecke sofort reagiert, zieht sie sich unverzüglich in ihr Gehäuse zurück. Diese dem menschlichen Hören so ähnliche Fähigkeit der Sinneswahrnehmung hat denn auch zu der trefflichen Bezeichnung des Tieres geführt. Die Cochlea hat sich auf diese Weise ein sozusagen gänzlich unberührtes Gemüt bewahrt; von keiner Arglist der Außenwelt angekränkelt führt sie, meist im Gehäuse geborgen, ihr friedliches Dasein. „Gehörst zu den Heiligen und Reinen?" spricht Friedrich *von Schiller* daher diese Schnecke mit Recht an.

Die Cochlea findet sich über die ganze Erde verbreitet, ja, sie scheint ihre Existenz geradezu vom Menschen abhängig zu machen. Lebt sie doch von den Abfällen, die der homo sapiens in der zivilisierten Welt anhäuft. Das Tier vertilgt so noch die Ausschußprodukte einer ihm weit unterlegenen Existenz!

Nichts wissen wir bis jetzt freilich über die Auswirkungen des mit der Zivilisation so unaufhaltbar zunehmenden Lärms auf das sensible Organ der Cochlea. Ob die Tiere immer häufiger sich in sich selbst zurückziehen oder schließlich überhaupt nicht mehr aus ihrem Gehäuse hervorkommen und solcherart elend verhungern werden, bleibt eine unbewiesene, wenngleich traurige Vermutung, die jedem Naturfreund kummervolle Sorgen bereiten muß. Ginge doch auf diese Weise eine der empfindlichsten Erscheinungen der Natur zugrunde, ein Wesen, an dem der Mensch das eigentlich Große seiner irdischen Welt verehrend studieren könnte. So mögen wir – dermalen im Getöse der Technik unserer ursprünglichen Bestimmung entfremdet – an der Cochlea wieder zur wahren Humanitas genesen.

Cochlea communis R.

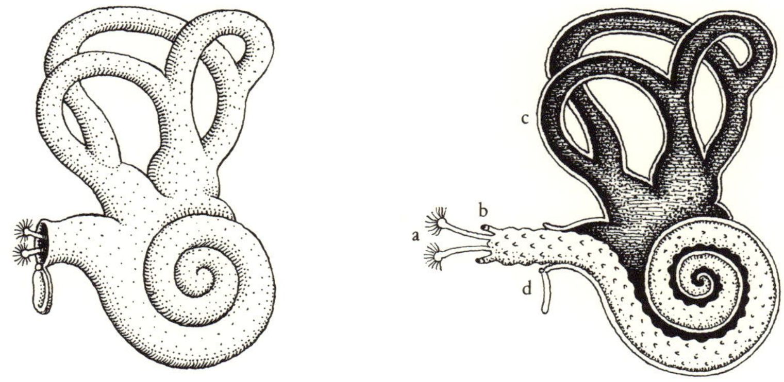

A B

A Außenansicht B Innenansicht
a Ohren
b Augen
c Wandergänge
d Lärmschutzklappe

Eine weiße Gehörschnecke, sich mit den Ohren an einem dürren Ast festhaltend

Die Steinschnecke

(Petrarca alpina Uitz) – Unterordnung: Soleoliferen
Verbreitung: Nord- und Mitteleuropa
Größe: 4–15 mm
Farbe: schwarzgrau

Die Steinschnecke gehört trotz ihres gegenteiligen Namens zu den Weichtieren und zwar zu den Soleoliferen, also zu den echten Nacktschnecken. Die Tiere bilden eine Sonderart, die hauptsächlich in kühleren Regionen begegnet. Zum Schutz gegen die für Nacktschnecken unangenehmen Temperaturen eignet dieser Art eine ganz harte Haut, die sich wie Stein anfühlt und dem Tier auch wenig Bewegungsmöglichkeit bietet. Meist liegen die Schnecken regungslos an Wegrändern umher und ähneln dann frappierend jenen harten, vertrockneten Exkrementresten, wie man sie gerne unter freiem Himmel findet. Man darf also das Leben der Steinschnecke getrost als betrüblich auffassen. Ihre einzige erfreuliche Betätigung liegt in der Fortpflanzung, und so kann es auch nicht verwundern, daß die Geschlechtsöffnungen ziemlich groß sind. „Die männliche liegt", so sagt *Uitz,* „überall rechts vorn, die weibliche nahe beim After und dicht hintereinander, bei manchen Arten die weibliche um die Mitte herum, der After rechts hinten, andere wiederum haben den After links um die Ecke, während die weibliche Geschlechtsöffnung erst rechts, dann zweimal links und dann geradeaus zu finden ist."

Die Steinschnecken sind, wie die meisten Schnekken, Raubtiere und bemächtigen sich mit großer List ihrer unglücklichen Opfer. Da sie zumeist wie ein Stein daliegen, gibt es genügend nichtsahnende Ameisen oder Käferchen, die sich dem vermeintlichen Ruheplatz erfreut nähern. Sind sie ganz herangekommen, so spritzt die Schnecke aus zwei großen Drüsen einen klebrigen Saft aus, der das arme Opfer sofort unrettbar einhüllt. Es kann dann von der Petrarca ohne Schwierigkeiten verzehrt werden.

Über ein Kuriosum hat uns *v. Halbbitter* unterrichtet: Die Ausscheidungen der Steinschnecken, leicht krümeliger Staub, ergeben, mit Milch vermengt, ein hervorragendes Getränk, dem eine nicht unbeträchtliche belebende Wirkung nachgesagt wird. Auch hier zeigt sich wieder einmal die planende Umsicht der Natur, in der nichts, nicht einmal das kleinste Körnchen, nutzlos zutage liegt. (Daß hier eine Möglichkeit bestünde, ohne große Schwierigkeiten eine biologisch einwandfreie Droge zu gewinnen, die den weltweiten gefährlichen Drogenhandel reduzieren oder gar ausschließen könnte, sei nur nebenbei erwähnt.)

Daß die Steinschnecke lebendig gebärend sei, scheint auf einer Verwechslung mit der kamerunischen Vaginula zu beruhen. Doch ist das Leben der Petrarca alpina noch viel zu wenig erforscht, und die Wissenschaft mag da noch manchen erstaunlichen Fund ans Licht der interessierten Öffentlichkeit tragen.

PETRARCA ALPINA UITZ.

Weibliche und männliche Steinschnecke beim Geschlechtsverkehr

Die im Zeitraum eines Tages zurückgelegte Strecke einer nackten Schnellschnecke (a), einer Hausschnecke (b) und einer Steinschnecke (c)

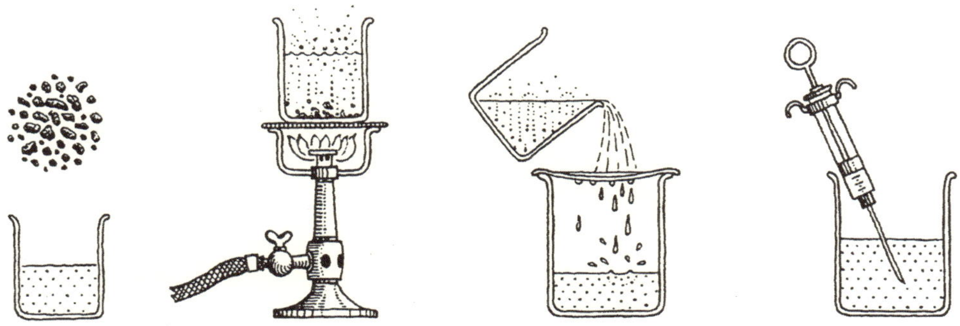

Zubereitung einer Steinschneckenkotinjektion

1 50g Kot und 50g destilliertes Wasser werden vermengt
2 Diese Menge unter ständigem Umrühren zum Kochen bringen
3 Filtern
4 Fertiges Rauschmittel (reicht für 11 Injektionen)

Zeichnung von Hand eines unter der Wirkung einer Steinschneckenkotinjektion halluznierenden Menschen
(nach S. Freud: Kot und Tabu)

Der Tintentod

(Mors obscuritatis Schol.) – Familie: Dibranchiata
Verbreitung: weltweit
Größe: maximal 5 mm
Farbe: durchsichtig

Der Tintentod ist ein siebenarmiger Tintenfisch und gehört also zu den Zweikiemern. Er ähnelt im Aussehen der Sepia, dem gemeinen Tintenfisch, nur daß er statt zehn Armen deren nur sieben aufweist; offenbar sind hier die zwei Tentakel sowie ein Arm zurückgebildet. Was den Tintentod aber besonders auszeichnet, ist seine bemerkenswerte Kleinheit. Die zierlichen Tierchen werden nicht länger als ein paar Millimeter. „Zierlich", sagt *Coldeagh* in seiner *Großen Zoologie* (Oxford 1934), „kann man die Mors wohl nennen, ist sie doch nicht nur klein, sondern infolge ihres durchsichtigen Körperchens im Meerwasser auch nahezu unsichtbar."

Der Tintentod bevölkert millionenweise die Gewässer der Erde, Meeres- wie Süßwasser, Flüsse, Bäche und Tümpel. In seinem Tintensack hat das Tier eine Flüssigkeit, die die überraschende Eigenschaft besitzt, Tintenfarbe, Tusche und ähnliche Farbstoffe farblos zu machen. Da sich das Tier auch selbst, vor allem bei Herannahen von Gefahr, mit der Flüssigkeit überspritzt, gerät es immer wieder in den Zustand völliger Farblosigkeit, was ihm ein geradezu gläsernes Aussehen verleiht. Aber die meisten Menschen werden des Tintentodes gar nicht gewahr, weil sie im Wasser derart zarte Tierchen gar nicht vermuten. Doch müßte es jedem Denkenden auffallen, daß ein mit Tinte beschriebenes Blatt Papier, hält man es ins Wasser, binnen kürzester Zeit nur mehr geringe Spuren des Geschriebenen zeigt. Das ist das Werk des Tintentods oder besser gesagt seiner Flüssigkeit, die er namentlich zur Paarungszeit literweise ins umgebende Naß versprüht.

Auch sonst ist der Tintentod ein nützliches Tier. Er nährt sich von kleinen Wassertierchen und reinigt so für den Menschen das unentbehrliche Element. Einer wieder mehr sich an der Natur orientierenden Gesellschaft mag es vorbehalten sein, den Tintentod in den Kreislauf eines durchdachten Wirtschaftsprozesses einzubeziehen. Unsere Abbildung läßt erkennen, daß die findige Industrie sich der vorteilhaften Tätigkeit der Mors bereits bemächtigt hat: Neuerdings werden Aquarien auf den Markt gebracht, die zur Haltung von Tintentoden dienen und dem Eigentümer ein stets sauberes Wasser zur Verfügung stellen – in Zeiten der Umweltverschmutzung ein gewiß erfreuliches und absolut biologisches Hilfsmittel.

Mors obscuritatis Schol.

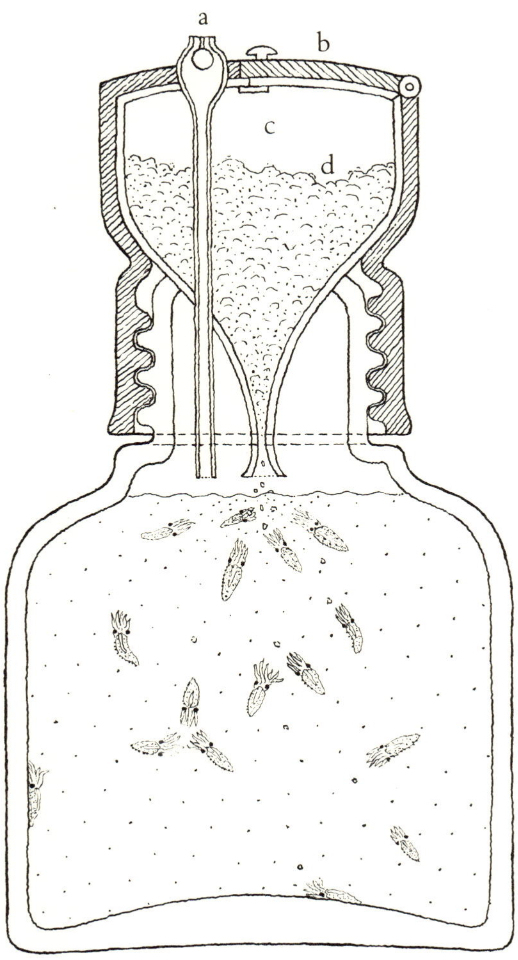

Seit 1981 handelsübliches, stoßsicheres Fläschchen (Aquarium) zur Haltung von Tintentoden
a Luftzufuhr mit Sicherheitsventil
b Öffnung für die Futteruhr
c Futteruhr (reicht in vollem Zustand für 3 Monate)
d Trockenfutter (Wasserflöhe)

Ein Schwarm von Tintentoden, sich tarnend (Die Herzen der Tintentode sind als kleine Pünktchen auszunehmen)

Der Raketenwurm

(Evaliturus Tützl.) – Klasse: Chaetognatha
Verbreitung: Tropen in Asien und Afrika
Größe: maximal 50 cm lang
Farbe: steinfarben

Der Raketenwurm gehört entfernt in die Klasse der sogenannten Pfeilwürmer (Chaetognatha) und bildet dort eine eigene Familie. Wegen seiner außerordentlichen Gefährlichkeit ist seine Lebensweise kaum erforscht. In seinen anschaulichen *Berichten über eine Tierwanderung durch die asiatischen und afrikanischen Tropen* (Berlin 1897) schildert Carl *von Tützlow* die ungeheuren Bedrohungen, denen er sich bei der Annäherung an einen Raketenwurm aussetzte. „Wir machten uns auf den Weg. Vor mir schritt Pöpel, der getreue Photograph, ganz vorne Ibn Kas, unser Träger, hinter mir Professor Schulz-Westheim. Es war hoher Mittag, zu Hause in Deutschland versammelte man sich jetzt wohl um das einfache Mahl. Hier aber, in den Tropen, lastete die Hitze. Die schwüle Luft ließ Schweißperlen auf unsere Stirnen treten, die furchtbare Trockenheit dörrte die Kehlen. Alles war ganz still. Man hörte nur das Keuchen unseres braven Trägers, der unter der Last der von uns vorsorglich mitgenommenen Feldflasche wie gekrümmt dahinschritt. Pöpel hielt in seiner Rechten den großen schwarzen Apparat mit dem Stativ, die Linke umklammerte, stets bereit, den Ballon. Von überall her ertönte das häßliche Kreischen der Tropenvögel, das Gequake des Pneumo thorax, das widerliche Bellen der Korkaffen. Plötzlich gab unser Träger einen unterdrückten Laut von sich, der aber in der allgemeinen Stille deutlich vernehmbar war. Er wies nach vorne, wo unsere geblendeten Augen zunächst vergeblich im Dämmer des Urwalds etwas wahrzunehmen versuchten. Alle waren wir stehengeblieben. Dann nickte auch der getreue Pöpel mit dem Kopf. Gleich ihm sah ich's nun auch: Etwa zwanzig Meter vor uns lag im hellen Sand ein ungefähr zwei Centimeter großes wurmähnliches Tier. Nur Professor Schulz-Westheim sah noch nichts. Als wir uns unter allen Anzeichen äußerster Vorsicht dem regungslos daliegenden Tiere näherten, wobei Ibn Kas die Nachhut bildete, so gewissermaßen den Professor zwischen sich und mich drängend, war die Spannung aufs höchste gestiegen. Endlich, nur mehr achtzehn Meter von dem Gegenstande unserer Forschung entfernt, machte ich – wohl wissend, daß ich damit das Leben eines aufrechten Deutschen, eines getreuen Familienvaters und nicht eben erfolglosen Gelehrten aufs Spiel setzte – einen kühnen Sprung vorwärts, die entsicherte Flinte in der Rechten. Pöpel hinter mir drein! Treuer Gefährte! Wir blieben scharf vor dem noch immer bewegungslos daliegenden Tiere stehen, bückten uns und konnten voller Freude in dem Gebilde eine vertrocknete Geonemertes agricola Will.-Suhm erkennen." Nach mancherlei unbeschreiblichen Gefahren ähnlicher Art gelang es *v. Tützlow* endlich, den Raketenwurm zu sehen; die bei dieser Gelegenheit von Eduard Z. Insgmeiner, dem eifrigen Photographen, hergestellten photographischen Aufnahmen waren bei der Entwicklung allesamt schwarz, so stark hatte die unerquickliche Hitze jener Regionen auf die chemischen Platten eingewirkt. Unserer Abbildung liegt eine Zeichnung des britischen Forschers *McBeats* zugrunde, die der Gelehrte anläßlich der zwölften Ceylon-Expedition Ihrer Majestät, der Königin Victoria, herstellte. Als Vorbild hatte ihm eine Tricladida, ein Strudelwurm, gedient; mit scharfem Verstand ergänzte *McBeats* das Bild zu der Gestalt des gefürchteten Raketenwurms.

Die grau bis grün gefärbten Tiere erreichen eine Länge von 50 cm, sind dabei aber gute 20 cm im Durchmesser. Kein Wunder, wenn vor allem die Eingeborenen den Wurm als Fleischspender sehr schätzen. Das zahme Tier läßt sich ohne weiteres fangen, braten und verzehren. Französische Kolonialbeamte sollen den Geschmack des Raketenwurms dem des russischen Kaviars gleichgesetzt haben; allerdings darf nicht verschwiegen werden, daß diese Ansicht von deutschen Gelehrten keineswegs bestätigt wird.

Evaliturus Tützl.

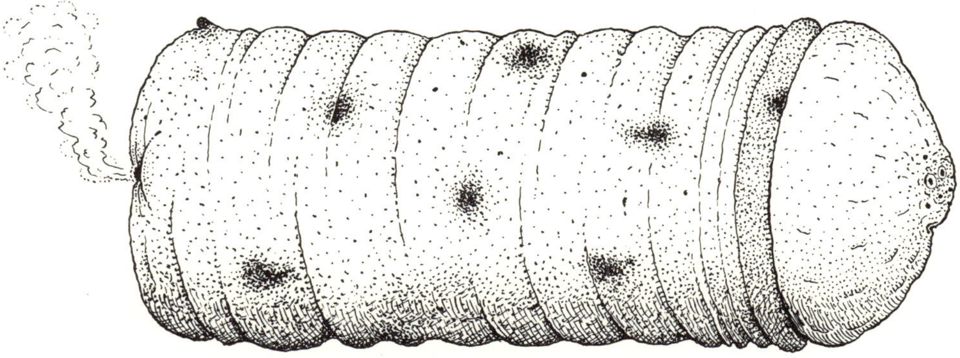

Der fast blinde Ceylonesische Raketenwurm (53 cm Länge)

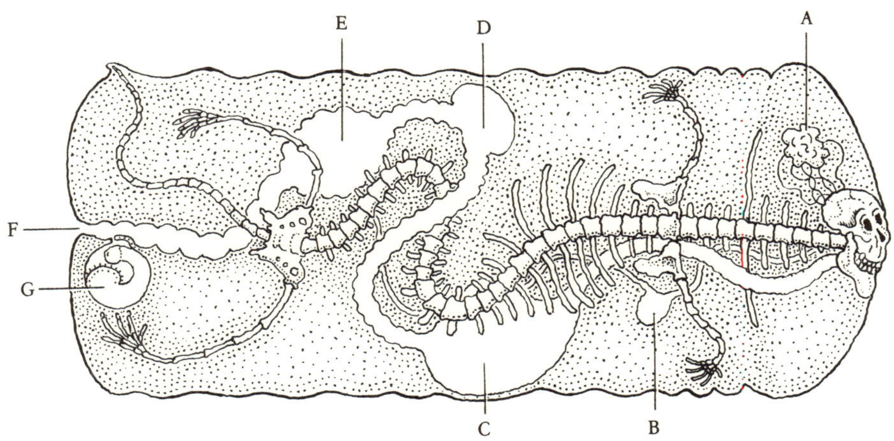

Querschnitt durch einen männlichen Raketenwurm
A Hirn
B Herz
C Magen
D Mittlerer Darm
E Dickdarm
F After
G Geschlechtsraum

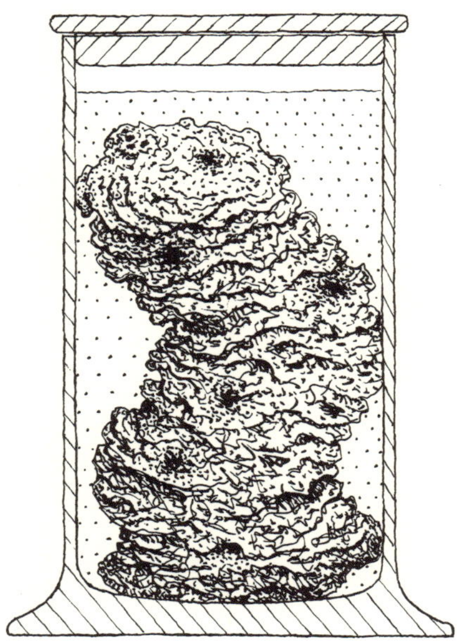

430 Jahre alter Raketenwurm (Heimatmuseum Willendorf)

Ingyo seki, der Steinphallus von Kobayashi (Kyushu). Nach neuerster Erkenntnis eine Darstellung des seltenen Japanischen Raketenwurms (In natürlicher Größe 3,5 m hoch. Abbildung nach Th. Lésoual'h)

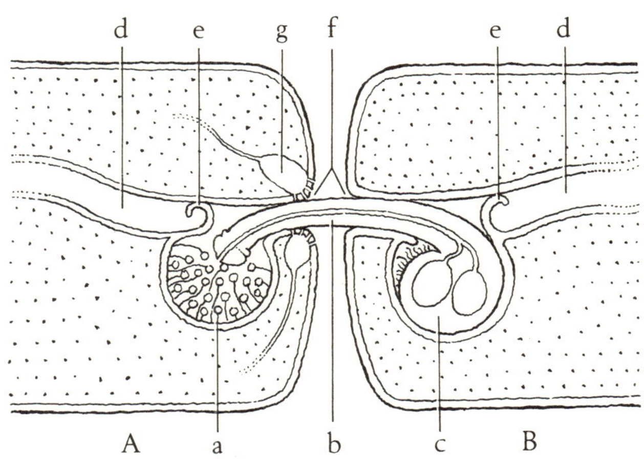

Begattunsvorgang
A weiblich, B männlich, a Gebärraum, b Penis, ausgefahren, c Penisraum, dd Darm, ee Klappe, f After, g Duftdrüsen

Der Staubmacher

(Parasitus machinae Stuiv.)
Familie: Sarcoptidae
Verbreitung: weltweit
Größe: ca. 0,08 mm
Farbe: stahl-, auch rostfarben

Der Staubmacher ist eine nicht ungefährliche Milbe, die man über die ganze Erde verbreitet findet. Von winzigem Ausmaß, kaum größer als ein Nadelstich, vermag es dieses Tierchen doch, dem Menschen seine Existenz nachhaltig in Erinnerung zu rufen. Von Staubmachern aus früheren Erdperioden wissen wir nichts, zum ersten Mal wurde das Tier 1958 beobachtet und von *Stuivels* in den *Mitteilungen der kgl. niederländischen Akademie*, Band 187 (1959), beschrieben. Danach handelt es sich beim Staubmacher um ein den Tyroglyphinen verwandtes Tierchen, das sich jedoch keineswegs in altem Käse aufhält, sondern ausschließlich technische Geräte zu seinem Aufenthaltsort wählt. Dort kann es sich in Scharen ansiedeln, wird aber kaum je bemerkt, da sein winziger Leib metallische Farbe aufweist, die aber gelegentlich bis ins Rostrote überwechselt. Die Milbe nährt sich offenbar (wenngleich diese Erkenntnis *Stuivels'* noch nicht von anderen Gelehrten geteilt wird) von mikroskopisch kleinen Metallbestandteilen, wie sie unterm Vergrößerungsglas auf metallischen Flächen beobachtet werden können. Was aber dem Menschen Kopfzerbrechen bereitet, sind die Exkremente des Tierchens. Es handelt sich nämlich dabei um einen schmierigen Staub, der nach und nach das jeweilige Gerät umgibt und durchwirkt, bis es seinen Funktionen nicht mehr nachkommen kann. Denn dieser Staub bringt selbst tadellos laufende Kugellager zum Stillstand. Solange man nicht mehr über den Staubmacher weiß, wird es wohl auch schwierig sein, ihm das Handwerk zu legen. Jedenfalls hat man in diesem Tier die Ursache für viele Versagen im Bereich der Technik zu suchen, und *Stuivels* hat wohl recht, wenn er die Parasiti machinarum als die gefährlichsten Feinde der zivilisierten Menschheit bezeichnet. Erst wenn es gelungen sein wird, dem Treiben dieser und ähnlicher Tiere weltweit und radikal ein Ende zu bereiten, wird sich der menschliche Fortschritt auf eine Weise entfalten können, die dem homo sapiens seinen Platz in der Natur ein für allemal sichert.

Parasitus machinae Stuiv.

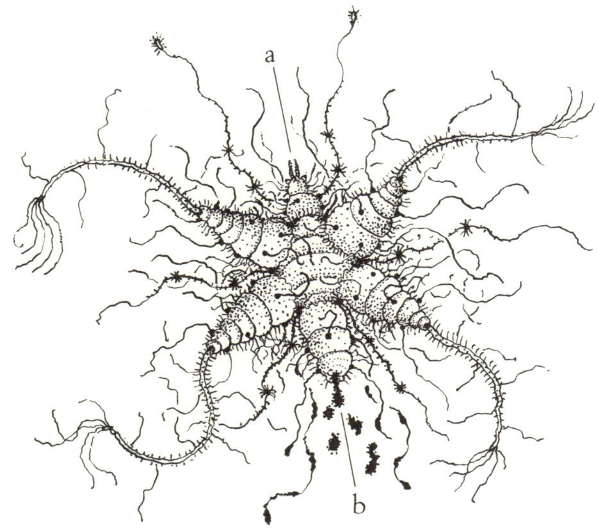

Die Staubmachermilbe (1000fache Vergrößerung)
a Kopf
b After mit den gefährlichen Exkrementen

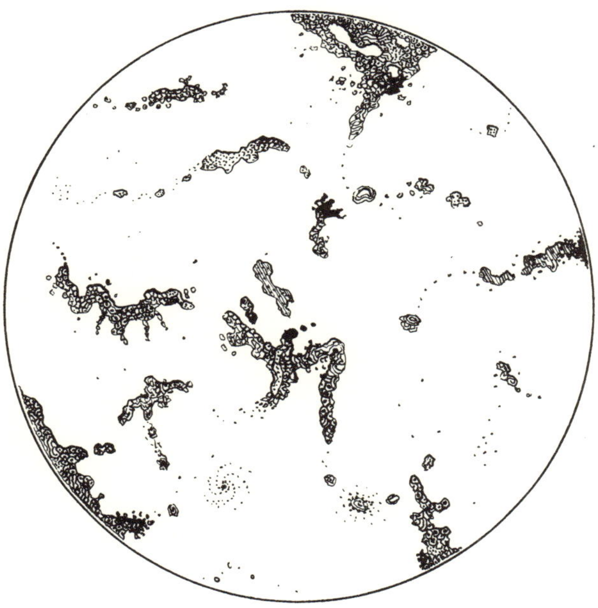

Extremgehärteter Titanstahl. Die Mikroskop-Aufnahme zeigt, 10.000 fach vergrößert, die Schadstellen durch den Staubmacherkot

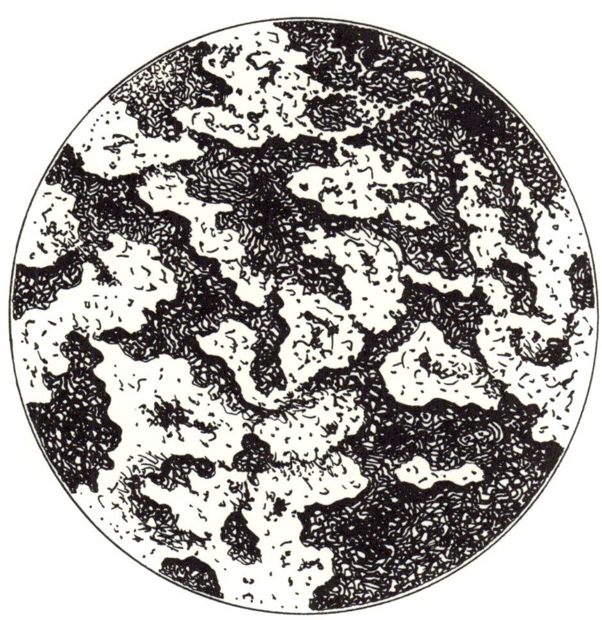

Nicht gehärteter Stahl. Schadstellen entsprechend größer (100 fache Vergrößerung)

Die Jahresfliege

(Calendaria annua Hotz.) – Ordnung: Ephemeriden
Verbreitung: hauptsächlich Europa
Größe: etwa 1,5 cm
Farbe: blaßgrün

Zu den Ephemeriden, den Haften, gehört auch die Jahresfliege, wenngleich sie sozusagen eine Art von Multiplikation der Eintagsfliegen darstellt. Dauert doch ihr Dasein genau 365 Tage, umfaßt also den Zeitraum eines Jahres, nicht aber, wie gelegentlich behauptet wurde, eines Schaltjahres. Das ist durch die Beobachtungen von *Hotzenbichler* eindeutig widerlegt. Die Calendaria hält sich peinlich genau an die ihr von einer gütigen Natur vorgeschriebenen 365 Tage und haucht am letzten derselben ihr Leben aus. Da sie überhaupt ein gewissermaßen ordentliches Wesen zu sein scheint, folgt sie meist dem Kalenderjahr, so zwar, daß sie mit 1. Januar ihr geflügeltes Leben beginnt und nach heftiger Liebestätigkeit am 31. Dezember, mitten in der vom Menschen leichtfertig verbrachten Silvesternacht, ermattet dahinsinkt. So darf sie als getreuer Begleiter durchs Jahr angesehen werden, und könnte sie es, sie würde sich kränken, daß sie von dem einem verderblichen Materialismus hingegebenen Menschen so wenig beachtet wird.

Die blaßgrünliche Jahresfliege legt ihre zahllosen Eier gern in Taschenkalender. Ist ihr doch dort eine gewisse Übersicht gewährt, wie es um die ach so rasch dahinfließende Zeit bestellt ist. Nach Ablauf der entsprechenden Frist entwickelt sich die zarte, fast durchsichtige Larve, die sich vom Papier ihres Aufenthaltsortes kaum abhebt und damit der Verfolgung entgeht. Sie scheint sich übrigens, soweit man heute sieht, von Substanzen zu nähren, die in schlecht geleimten Papieren enthalten sind, vielleicht aber auch von Staubläusen, diesem bekannt lichtscheuen Gesindel, dem die Hausfrau nur ungern begegnet. Wüßte sie, wie dankbar sie der Calendaria sein kann für deren stilles Vernichtungswerk!

Das Nymphenstadium dauert nicht lange, auch die Subimago währt nur kurz, und pünktlich am 1. Jänner, dann also, wenn der Kalender ihr ohnehin keine Heimstatt mehr böte, entsteigt der geplatzten Haut die geflügelte Jahresfliege. Nunmehr entfliegt sie, denn ihrer wartet die 365 Tage währende Hochzeitsnacht. In tollem Liebesreigen stürzen sich Männchen auf Weibchen und folgen so dem ewigen Kreislauf einer umsichtig waltenden Natur. Wer hätte nicht schon beim Spazieren in grünen Gefilden dem Treiben der Jahresfliegen zugeschaut, erfüllen sie doch mit ihrem Liebesreigen zumal in der warmen Jahreszeit die Fluren. Aber der Mensch ist leider viel zu sehr an Sensationen orientiert, als daß er dem harmlosen Wesen zarter Ephemeriden sein Augenmerk zuwendet, obwohl er gerade aus ihrer Existenz die tiefere Weisheit des Daseins anschaulich erkennen könnte. „Eine wahre Freude", sagt *Hotzenbichler,* „ist es, dem Paarungstanz der Calendaria beizuwohnen. Kaum je kann die unendliche Gewalt natürlicher Triebe so eindrucksvoll studiert werden wie hier." Wir möchten hinzufügen: Und was bedeutet das ganze hektische Gehabe des Menschen um den sogenannten Sex gegenüber derart reinen Verhaltensweisen? Allein der Tierfreund weiß, wo die echten Quellen der Lebenslust sich finden!

Noch während der Paarungstänze legt das Weibchen seine Eier in der erwähnten Weise ab. Sie läßt sich dadurch von weiterer hochzeitlicher Betätigung nicht abhalten. Tag und Nacht herrscht das emsige Treiben. Und erst wenn die Sanduhr des alten Jahres abgelaufen ist, wenn die Silvesternacht herangekommen ist, schlägt auch die letzte Stunde für die brave Calendaria. Doch während ihr entseelter Leib als zartes, zerbrechliches Gebild zu Boden sinkt, schlüpfen schon die jungen Jahresfliegen zu neuem Tanz hinaus in die unaufhörlich dahinfließende Zeit.

Calendaria annua Hotz.

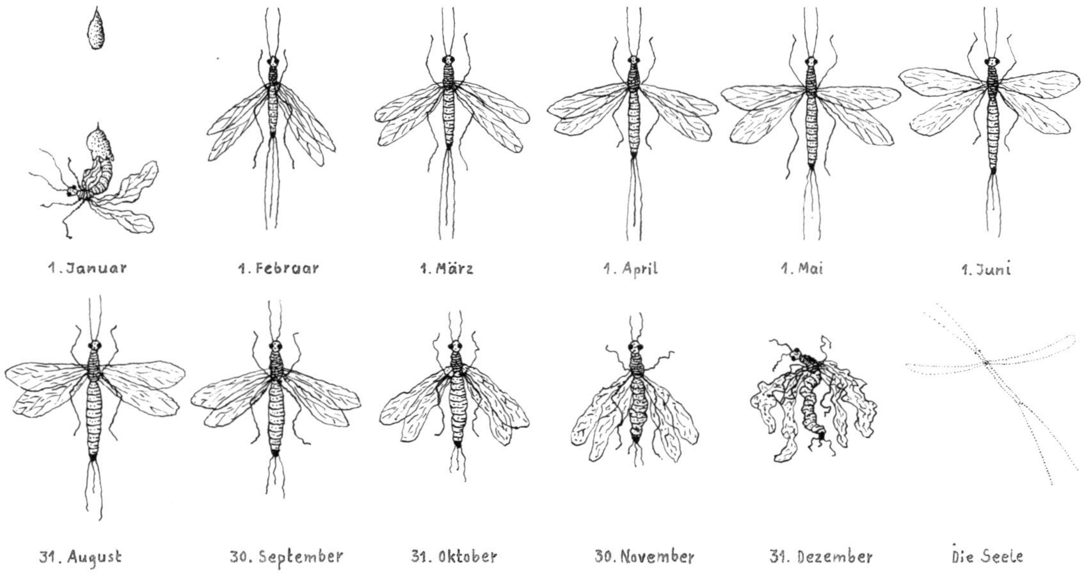

Die Jahresfliege im Zeitlauf ihres 365 tägigen Lebens

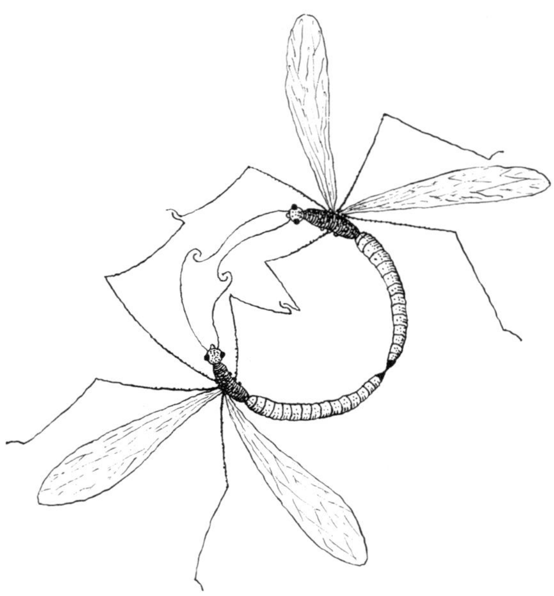

Der tägliche anmutige Liebestanz der Jahresfliegen

Die Geisterschrecke

(Daemonophobia Radz.) – Gruppe: Orthoptera
Verbreitung: weltweit
Größe: maximal 10 cm
Farbe: schwarzbraun/nachtblau

Die Geisterschrecken gehören zwar zur Gruppe der Geradflügler (Orthoptera) wie die anderen Schreckenarten, sind aber keineswegs mit den Gespenstschrecken (Phasmoidea) zu verwechseln, sondern bilden eine eigene Ordnung. Unterscheiden sie sich doch in einem Punkt sehr wesentlich von jenen: Während die Gespenstschrecken allesamt Pflanzenfresser sind, läßt sich gleiches von den Geisterschrecken nicht behaupten. Die Daemonophobien sind übrigens nie grau gefärbt, wie gelegentlich von ungeübten Beobachtern geschrieben wurde, vielmehr zeigen sie eine stumpfe schwarzbraune oder auch nachtblaue Farbe, was ihnen zur erfolgreichen Tarnung bestens dient. Da die Tiere kaum je bei Tageslicht ausfliegen, hat man größte Schwierigkeiten, ihrer ansichtig zu werden, erscheinen sie doch auf Grund ihrer Anpassung an die Nachtdunkelheit nahezu unsichtbar. Freilich würde den Tierfreund ihr nicht gerade befriedigendes Aussehen erschrecken. Die gleichwohl zart zu nennenden Geisterschrecken weisen nämlich ungeheuer große Kauwerkzeuge auf. Mit diesem ihnen von der Natur verliehenen Apparat obliegen sie des Nachts ihrer Nahrungsaufnahme, die vornehmlich im Blutsaugen besteht. Dabei halten sie sich oft an größere Säugetiere, ja auch an den Menschen, so wie sie überhaupt wenig Scheu kennen, wenngleich sie freilich nicht als ungeschlacht oder unbeweglich gelten dürfen. Vielmehr fliegen sie sehr behende bei der geringsten Bewegung ihres Opfers auf, nur um sich alsbald wieder an einer anderen Stelle niederzulassen. Die Art ihrer Nahrungsaufnahme hat öfters dazu geführt, die Geisterschrecken zugleich mit den Vampiren zu nennen, eine ganz und gar unwissenschaftliche Betrachtungsweise, da die Tiere nichts miteinander gemein haben.

Man findet die Geisterschrecken über die ganze Erde verbreitet, ja sogar in ausgesprochen unwirtlichen Gegenden gehen die emsigen Tiere ihrer merkwürdigen Lebensweise nach. Wer hätte nicht schon des Nachts, friedlich im Bette liegend, plötzlich ein scharf raschelndes Geräusch im dunklen Zimmer vernommen? Es sind die Geisterschrecken, die da auf Jagd gehen und wahrscheinlich eben dabei waren, sich dem Schlafenden zu nähern. Auch kennt wohl ein jeder das Geraschel neben dem Ohr, gerade wenn man im Einschlafen ist. Hier sitzt die Schrecke schon ganz nahe, wohl angelockt vom blutreichen Ohrläppchen des Ruhenden. Macht man aber Licht, so wird man das Tier vergeblich suchen. Bei geringstem Lichtschein flieht die Geisterschrecke in Sekundenschnelle unter einen deckenden Gegenstand. Das Auge der Tiere ist so konstruiert, daß es das Licht gewissermaßen vorausahnt; äußerste Empfindlichkeit dient hier der Natur als schützende Funktion.

Da die Saugtätigkeit der Geisterschrecken kaum Spuren hinterläßt (größere nächtlich zugezogene Verwundungen des Menschen stammen also allemal von anderen Gelegenheiten) und auch selbst nur gering zu spüren ist, wird man diesen Tieren gegenüber den weitaus gewalttätiger vorgehenden Vampiren entschieden den Vorzug geben. Überhaupt kann der einsichtige Tierfreund den heutzutage immer noch so modischen Vampirrummel kaum verstehen; er hält sich lieber an die zartere Geisterschrecke und wird nur bedauern, daß sie bisher in der Literatur noch keine ihr entsprechende Würdigung gefunden hat.

DAEMONOPHOBIA RADZ.

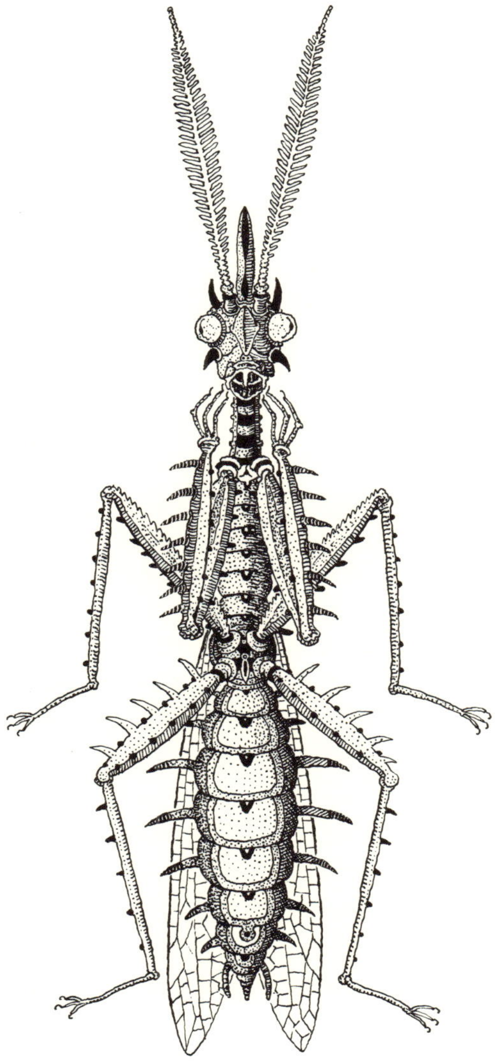

Wahrscheinliches Aussehen einer Geisterschrecke (natürl. Größe)

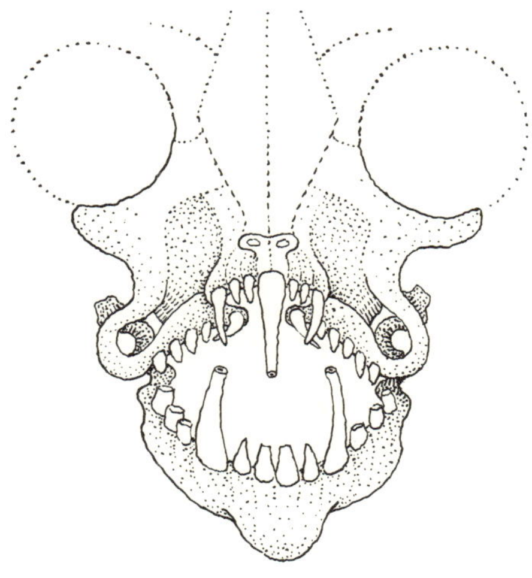

Vermutlicher Bau der Kauwerkzeuge
(nach H. Krachmandel: Zur Ästhetik der Geisterschrecke)

W.S

Die gemeine Strandwanze

(Salda tropetia F.) – Klasse: Gymnocerata
Verbreitung: weltweit, besonders in warmen Ländern
Größe: ansehnlich
Farbe: bunt, oft auffallend gestreift

Die Gemeine Strandwanze steht gewissermaßen in der Mitte zwischen den mit ihr nahe verwandten Uferwanzen (Acanthiidae) und den Nacktschwimmern (Efcacacidae). Sie hält sich zwar mehr auf trockenem Gelände auf, scheut aber das Wasser nicht durchaus, was von mehreren Forschern übereinstimmend berichtet wird. Ihre Lebensweise hängt innig mit ihrer auffallenden Gestalt zusammen, worauf übrigens schon *Marsigli* in seinem *Danubius Pannonico-Mysicus* (Den Haag 1726) hingewiesen hat, standen ihm doch zahlreiche Exemplare am Unterlauf der Donau zur Beobachtung zur Verfügung. Die nahezu schutzlos erscheinenden Tierchen, denen jeder Schild oder Panzer abgeht, wirken mit ihrem merkwürdig gestreiften Äußeren recht zierlich, zumal das Muster in fast allen denkbaren Farben bekannt ist. Dem Männchen eignet allerdings eine etwas stumpfe Form, die die Strandwanze jedoch nicht hindert, sich – besonders bei Gefahr – außerordentlich behende zu bewegen.

„Wohl selten", sagt *Pichler* in seiner *Großen Wanzenkunde*, „hat jemand eine Tropetia fliegen sehen." Vielmehr verharren die Tiere meist stunden-, wenn nicht tagelang regungslos an einem Fleck, den sie sich vorher sorgfältig ausgesucht haben und den sie auch im Notfall mit Vehemenz verteidigen. Jeder Wanderer in Fluß-, Seen- und Meeresgebieten kennt den Anblick oft Hunderter solcher Wanzen, die gleichsam erstarrt die Ufer der Gewässer bedecken; übrigens ein oftmals buntes Bild. Selbst zur Nahrungsaufnahme verändern sie ihren Aufenthaltsort nur selten; sie leben von kleineren Insekten, die sie im feuchten Gras oder an der Erde finden.

Die Tropetia weist eine besonders ausgebildete Stinkdrüse auf, die weitaus funktionstüchtiger als das nämliche Organ anderer Wanzenarten zu sein scheint. Fühlt sie sich angegriffen, so versprüht sie einen bräunlichen Saft von betäubendem Gestank, der oft auch größere Landtiere in die Flucht schlägt. Weniger empfindlich dürften die Bewohner Äquatorialafrikas sein, die den Strandwanzen nachstellen und sie in pulverisiertem Zustand als Gewürz für mancherlei Speisen verwenden. Zu diesem Zweck müssen allerdings die grünen Tarnhaare, die besonders die afrikanischen Exemplare der Tropetia auf dem Rücken und am Kopf tragen, vor dem Trocknen entfernt werden.

SALDA TROPETIA F.

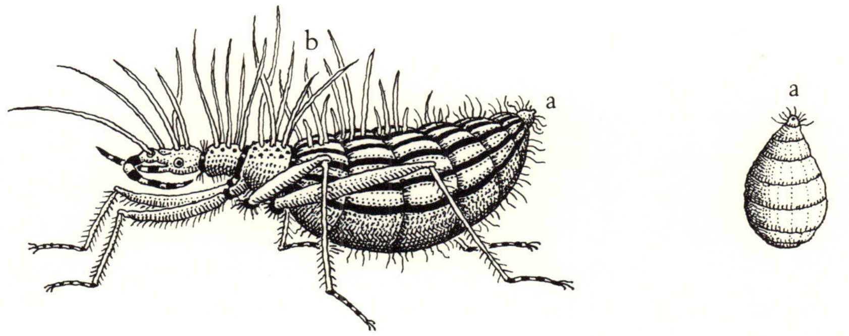

Die Gemeine Strandwanze und ihr Ei
a Stinkdrüsendüser.
b Tarngrashaare

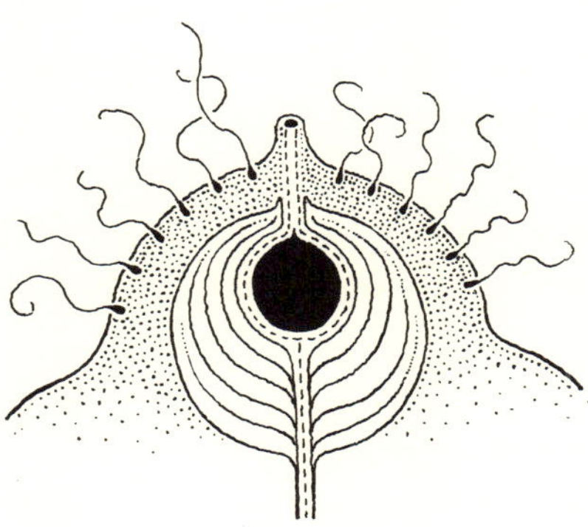

Stinkdrüse in Ruhestand

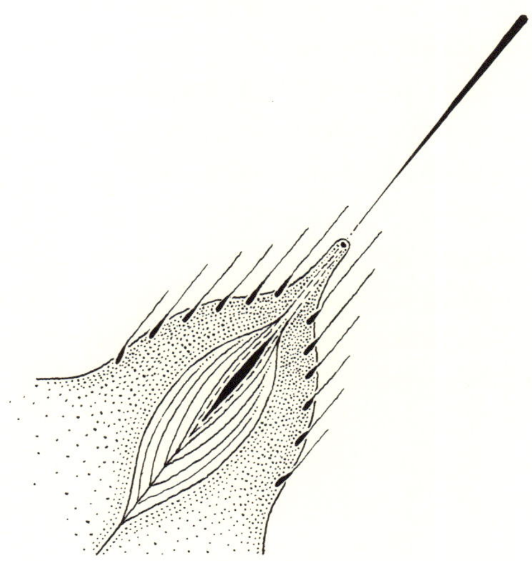

Aktive Stinkdrüse (Reichweite bis zu 3m)

Die Knirscheule

(Callimorpha sonans Hitch.)
Verbreitung: in Ländern warmer Zonen
Größe: etwa 10 cm, doch sind Exemplare mit maximal 6 Metern Flügelspannweite bekannt
Farbe: dunkelbraun

Die Knirscheule gehört zu den Starrflüglern (Makrofrenatae immobiles) und damit in weiterer Hinsicht zur Familienreihe der Opisthoneura, das heißt also zu jenen Familien, bei denen – wie Richard *Heymons* es so trefflich beschreibt – „die fünfte Ader in den Vorderflügeln im Zusammenhang mit der hinter ihr befindlichen vierten Längsader steht", was sich leicht vorstellen läßt. Die Callimorpha zählt zu jenen Tausenden Arten von Nachtfaltern, die seit jeher das Entzücken des Tierfreundes bilden. Lassen wir Anselm *Ippogeiger* aus seinen *Erinnerungen an tropische Jugendjahre* (Leipzig 1898) berichten: „Eines Abends versammelte man sich nach dem Souper noch auf der Terrasse. Bedienstete, darunter mein Kammermädchen, die dunkelhäutige Turi, brachten Windlichter, Tee, Konfekt; der Konsul und die Konsulin waren in bester Laune und wetteiferten in Gastfreundschaft und Bonhommie. Das war so recht ein Abend deutscher Geselligkeit, wie er sich eben nur in unseren Tropen erleben läßt. Eben äußerte der britische Konsul derlei Gedanken, wobei sein Auge wohlgefällig auf Turi blickte, was mich mit einigem, wie mir schien berechtigten Stolz erfüllte, als ein knirschendes Geräusch uns stutzig machte. Die Sklaven waren doch schon alle schlafen gegangen! Doch knorsch es wiederum. Ein plötzlicher Hauch ließ die flackernden Lichter ausgehen, wir saßen in gespenstischem Dunkel. Ich fühlte etwas meine Hand streifen, eine Welle ambrosischen Duftes glitt vorbei. Der Konsul rief laut nach Lichtern, indes man von der Konsulin röchelnde Töne hörte. Auch die anderen Gäste schienen eigenartig berührt. Nur der Brite bewahrte die Fassung. Mit keinem Wort ergriff er in dem Durcheinander Partei. Endlich ward neues Licht gebracht, und man konnte die Szene wieder erkennen. Jedoch war außer einigen verständlichen Anzeichen menschlicher Verwirrung nichts auszumachen. Eines jener vielen Rätsel der Tropen hatte uns die noch unberührte Gewalt der Natur fühlen lassen! Nun wollte freilich keine rechte Stimmung mehr aufkommen. Die Gäste verabschiedeten sich bald unter den merkwürdigsten Vorwänden, und auch ich zog es vor, zu Bette zu gehen. Lange noch lag ich wach und grübelte. Der wunderbare Duft ging mir nicht aus dem Sinn!" Soweit *Ippogeiger* in seinem seinerzeit aufsehenerregenden Buch. Man kann die merkwürdige Erscheinung der Knirscheulen nicht drastischer schildern.

Die braunschwärzlichen Tiere, die in manchen Exemplaren Größen bis zu sechs Meter erreichen, gewöhnlich aber etwa zehn Zentimeter ausmachen, sind über die ganze Erde verbreitet, bevorzugen aber die warmen Zonen. Das ist bei ihrem schwerfälligen Bau verständlich, würden sie doch in ganz kalten Regionen sehr rasch erfroren sein. Eine Beschreibung der Anatomie dürfen wir uns ersparen, die Abbildung sagt alles darüber aus. Soviel sei festgehalten, daß die Knöchelchen der Knirscheule von Eingeborenen gerne als Totem kettenförmig um den Hals getragen werden, sie sollen eine heilende Wirkung bei Unterleibserkrankungen ausüben.

Wovon die Knirscheule eigentlich lebt, blieb bis heute ein Streitfall unter den Gelehrten. Manche neigen zu der Auffassung, sie nähre sich von kleineren Insekten, andere bezeichnen sie als geheimen Blutsauger, der sich unter harmlosem Gehaben an schlafende Warmblütler heranmache. Hier wird die exakte Forschung noch einiges untersuchen müssen!

Daß die Falter nicht, wie sie sicherlich gerne möchten, lautlos und behende dahinschweben können, hat, wie man unschwer erraten wird, seine Ursache in dem schweren Skelett, das sie ihr eigen nennen. Sinnreich ist es nun so konstruiert, daß die Knochen in den Gelenken deutlich wahrnehmbare Knirschgeräusche von sich geben. Damit vermag der Falter jeden Feind in die Flucht zu schlagen, denn kein Tier oder Mensch hört das gerne. Man versteht das weise Vorgehen der Natur; jeden scheinbaren Nachteil münzt sie in lautersten Vorteil um. Wie anders können wir es bezeichnen, wenn wir sehen, wie die Knirscheule unter heftigem Geknacke und schweren Bewegungen dahinfliegt, ein Bild großer Schönheit. Ihr pelziges Äußere tut ein übriges, den Falter zu einem Liebling aller Schmetterlingssammler zu machen. Wie schade, daß er nur in der Nacht ausfliegt, tagsüber aber fledermausgleich träge von Dachbalken herabhängt.

Callimorpha sonans Hitch.

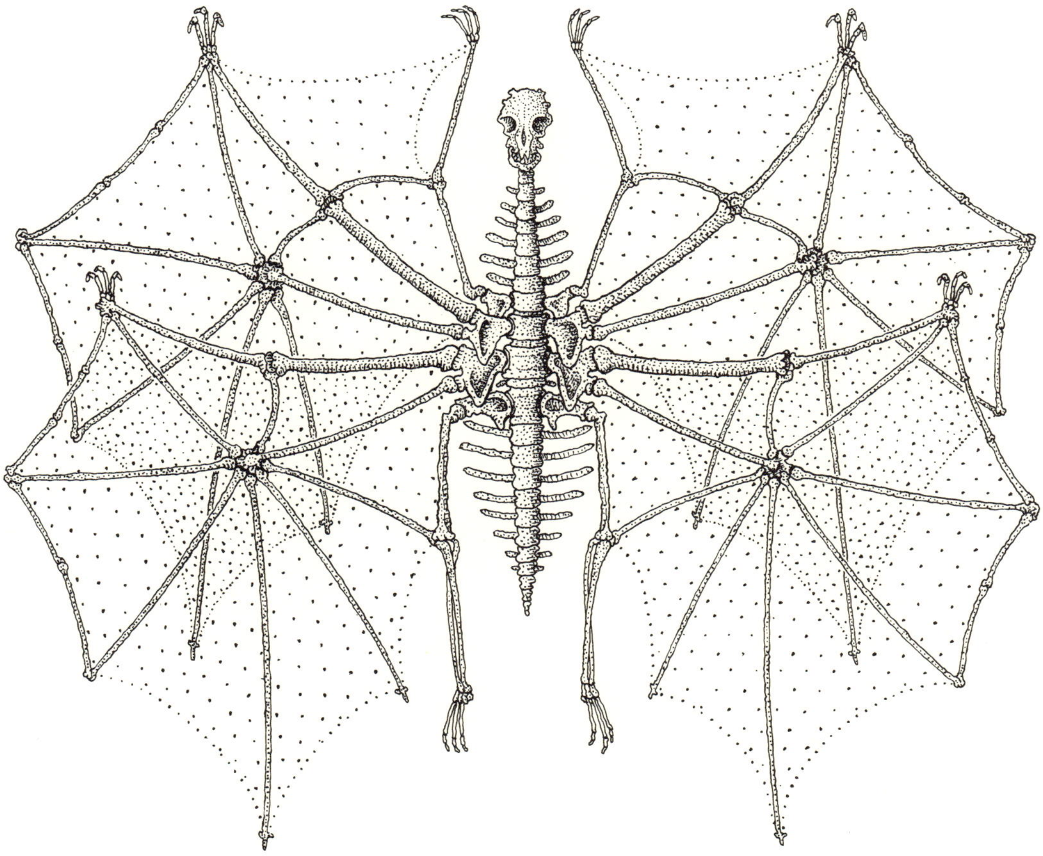

Skelett der Knirscheule mit der seltenen Spannweite von 6021 mm (Smithsonian Institution, Washington)
(nach Rev. H. N. Hutchinson: Extinct Monsters, London 1897)

Die eigenwillig zur Wandlung aufgehängte Knirscheulenraupe (verkleinert)

Die Geigenfliege

(Empis stradivaria H.) – Familie: Empidae
Verbreitung: in gemäßigten und warmen Klimazonen
Größe: etwa 2 cm
Farbe: rotbraun bis braungrau

Die Geigenfliege muß nach bisheriger Kenntnis zu den Tanzfliegen (Empidae) gerechnet werden, sollten nicht neue Forschungen andere Erkenntnisse und Folgerungen erbringen. Die Stradivaria ist weitverbreitet und jedermann gut bekannt. Sind es doch Exemplare ihrer Art, die im Winter bei milder Temperatur oder in überheizten Räumen plötzlich surrend sich fortbewegen und den nichtsahnenden Menschen an ihre Existenz erinnern. Das dabei wahrzunehmende Geräusch mag zu ihrer Benennung geführt haben, freilich entspricht die Tonhöhe eher einem Violoncello. Nicht jeder hört das Summen der Stradivaria gern. Hat sich doch der Stadtmensch daran gewöhnt, in der kalten Jahreszeit ohne Fliegen sein Auskommen zu finden. Doch haben neuere Versuche, vor allem von Ingher *Koch,* ergeben, daß sich das Summgeräusch der Stradivaria beeinflussen läßt. Je wärmer nämlich die Luft, in der sich die Fliege bewegt, um so rascher vermag das Insekt sein Tanzbein zu schwingen, um so höher aber wird auch der dabei entstehende Ton, bis er endlich eine Frequenz nahe an der menschlichen Hörgrenze erreicht, so daß die Fliege beinahe unhörbar sich fortbewegen kann. Es genügt also, wie *Koch* beschreibt, in einem Zimmer die Temperatur um nur wenige Grade zu erhöhen; und schon wird man die vielleicht störenden Töne der Stradivaria nicht mehr vernehmen.

Die Geigenfliege hält sich gerne in der Nähe des Menschen auf. In ihrer Lebensweise der Hilara ziemlich ähnlich, handelt es sich hier doch nicht um eine Fliege, die die Weite oder das Spiel am Wasser sucht. Ihr ist die dumpfe Luft menschlicher Behausungen gerade die rechte Umgebung. Dazu kommt ihre auffallende Intelligenz! Untersuchungen, die von *Somogyi* schon vor Jahren vorgenommen wurden, ergaben bereits damals, daß die Stradivaria wohl zu den erstaunlichsten Erscheinungen der an vielfältigen Wundern so reichen Welt der Tiere gezählt werden muß. Mit Hilfe komplizierter Anlagen vermochte *Somogyi* nachzuweisen, daß die Geigenfliege nicht nur über ein eindrucksvolles Beharrungsvermögen verfügt, das dem des Menschen in manchen Belangen überlegen erscheint, sondern daß sie auch eine ungewöhnliche Korrekturtoleranz erkennen läßt, an der sich andere Insektenarten ein Beispiel nehmen könnten. Unsere Abbildungen zeigen einige Ausschnitte aus Versuchsserien, darunter auch neueren, denen sich vor allem *McCrew* und *Pijpers* gewidmet haben.

Lassen wir *Pijpers* reden: „Die Stradivaria ist den Musciden bei weitem vorzuziehen. Kann doch mit ihrem angeborenen vernünftigen Verhalten keine Art der Schizophora, aber auch keine der sonstigen Brachycera konkurrieren! Allein die Varianten des Tanzbeinverhaltens, die Stilsicherheit in ihrer Anthropoaffinität übertreffen alles bei Dipteroideen Beobachtete." Diesem Gelehrtenwort ist kaum etwas hinzuzufügen. Soviel sei noch dem Tierfreund gesagt, daß sich die Stradivaria von kleineren Insekten wie Pediculiden oder Atropiden nährt. Ihnen macht sie unter anmutigen Bewegungen den Garaus, noch bei solch triebhafter Betätigung um angenehmes Auftreten bemüht. Alles in allem darf man die Geigenfliege zu den erfreulichsten Stubengenossen der Menschen zählen.

EMPIS STRADIVARIA H.

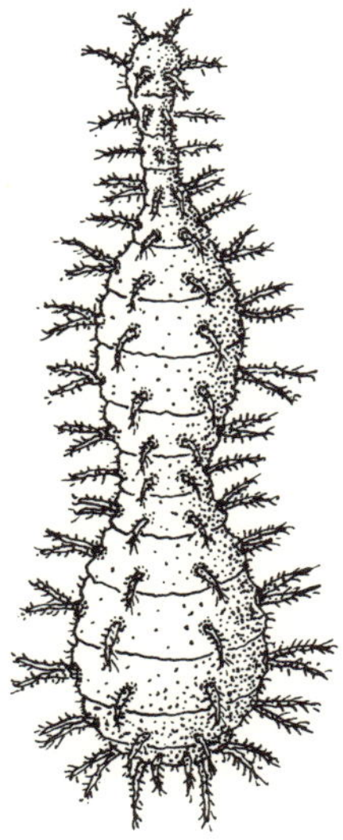

Die Larve der Geigenfliege (vergrößert)

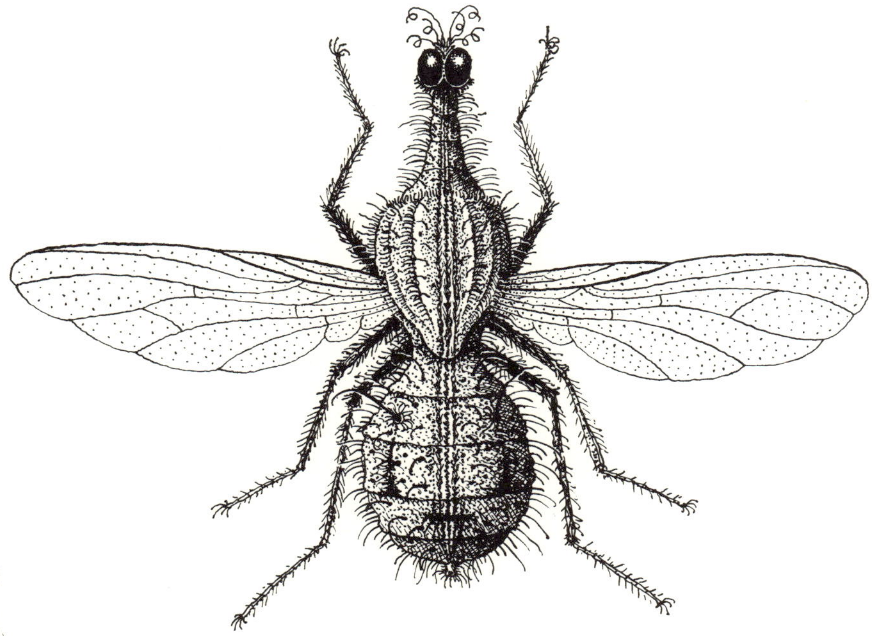

Die Geigenfliege (6/8 der natürlichen Gröse)

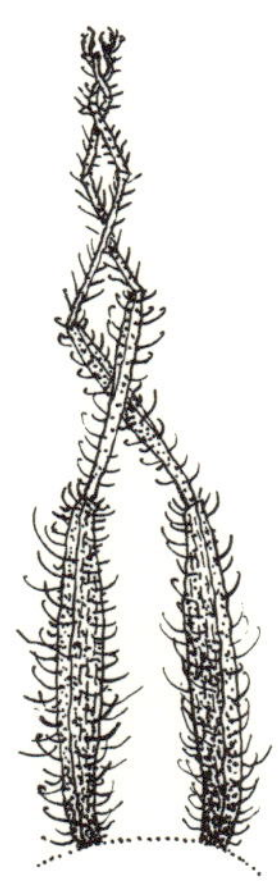

Geigenfliege, ihre Beine reibend (Ausdruck von Freude)

a Frischluftzufuhr
b Schlafstelle, gleichzeitig Gewichtskontrolle
c Waage
d Gegengewicht
e Ohrmuschel für die akustische Beob= achtung
f Irrweg zur Orientierungs= kontrolle
g Altluftabfuhr

hhh feines Netz
i Schlechtluftraum
j Zigarette
k Anschlußmöglichkeit für Wärmezufuhr (Föhn)
l Futterzufuhr
m Freßplateau
n Beobachtungsstelle (Möglichkeit für Lichtbildaufnahmen)
o Wassernapf

Gläsernes Geigenfliegenversuchsgerät nach McCrew und Pijpers

Der deutsche Wurstkäfer

(Ips vertatus G.) – Familie: Scolytiden
Verbreitung: Mitteleuropa
Größe: maximal 30 mm
Farbe: rosa bis bräunlich

Der deutsche Wurstkäfer ist ein eher unscheinbares Tierchen. Sein bevorzugter Aufenthaltsort sind die großen Fleischfabriken, aber auch die Selchereien kleinerer Gewerbetreibenden. Dort tummelt er sich gern zwischen den noch leeren Darmhäuten und benützt sie als schützendes Gehäuse, ist er doch überaus scheu und besonders lärmempfindlich. So kommt es immer wieder vor, daß er beim Einfüllen der Würste in die Häute von der Wurstmasse überrascht wird und in der Wurst verbleibt, ein für ihn keineswegs angenehmer Zustand. Doch benützt der Ips diesen Zwangsaufenthalt zu förderlichem Tun: er vermehrt sich – wozu er als selbstbegattender Hermaphrodit Gelegenheit genug hat. So mag es kommen, daß eine appetitlich aussehende Wurst, beim Metzger von der Stange baumelnd, im Inneren von einem unglaublichen Gewimmel junger Wurstkäfer erfüllt ist. Das bedeutet für den Naturfreund eine schöne Möglichkeit, dem eifrigen Treiben der possierlichen Käferchen sein Augenmerk zu schenken. (Damit findet übrigens der auf Wirtshausplakaten anzutreffende Werbespruch „Deutsches Fleisch: Ein Stück Lebenskraft" eine sinnvolle Bestätigung.) Schwieriger ist es, in einer prall gefüllten Wurst einen einzelnen Käfer, der sich dort ohne Vermehrung aufhält, zu entdecken. Hier gilt es, Scheibe für Scheibe vorsichtig zu öffnen, damit dem Tier kein Leid geschehe.

Da dem Ips der Inhalt seines unfreiwilligen Gefängnisses als Nahrung dient, befinden sich die Tierchen meist in einem erfreulich lebhaften Zustand. Um sie genauer beobachten zu können, wird man sie also in eine leichte Spirituslösung legen, was sie nur mäßig betäubt; dieses Verfahren schlägt übrigens schon Emil *Müller* in seinem *Deutschen Käferfreund* (Wien 1865) vor. Dem Liebhaber der Zoologie sei noch gesagt, daß der deutsche Wurstkäfer in ungarischer Salami gewöhnlich nicht gefunden wird.

IPS VERTATUS G.

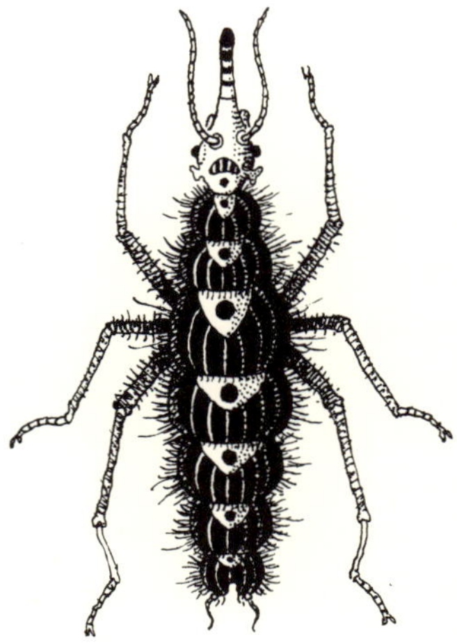

Deutscher Wurstkäfer (leicht vergrößert)

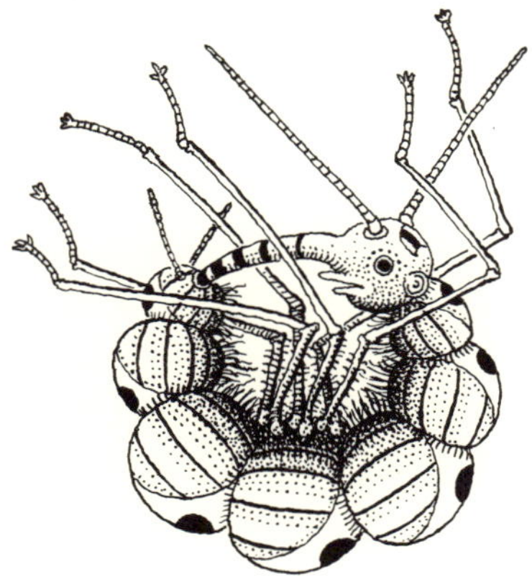

Deutscher Wurstkäfer, sich selbst begattend

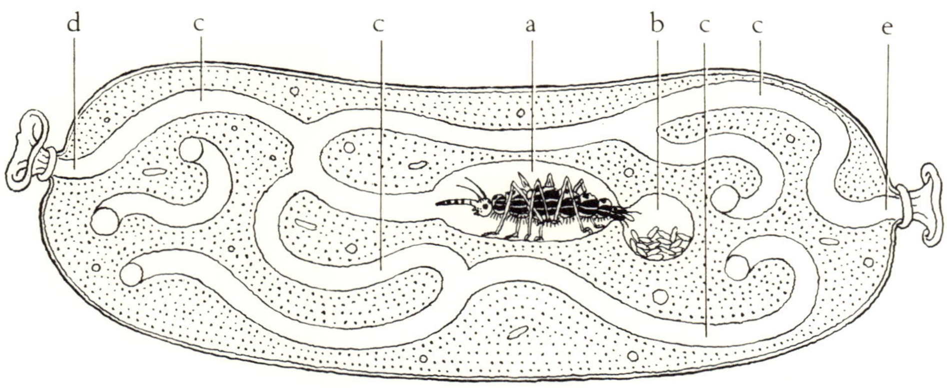

Deutscher Wurstkäfer beim Eierlegen in einer Weißwurst (Querschnitt)
a Hauptraum, b Ablageraum, ccc Freß- und Wanderwege, d Luftzufuhr, e Luftabfuhr

Die Nikotinaria

(Nicotinaria Schrimpf.-Astor.)
Familie: Simuliidae
Verbreitung: Südamerika, Afrika, Europa, Kleinasien
Größe: etwa 5 mm
Farbe: goldgelb

Die Nikotinaria, eine Mückenart, würde hier kaum ihre Erwähnung finden, wären es nicht ihre Larven, die schon manchem Menschen nachdenkliche Stunden bereitet haben. Die Tabaksfliege, wie die Nikotinaria im Volksmund auch bezeichnet wird, ist ein unscheinbares Tierchen, der Hessenfliege (Cecidomyia destructor Say.) nicht unähnlich. In ihrer Lebensweise folgt sie im wesentlichen der der Gallmücken, nur daß sie keine eigentlichen Gallen verursacht. Was sie gegenüber den genannten Arten auszeichnet, ist nämlich ihr Bedürfnis nach Nikotin, ein in der Tierwelt wahrlich seltenes Verhalten. Ansgar *Nettelbohm,* der bekannte luxemburgische Nematocerologe, beschreibt in seinen *Studien über Sucht und Aggressionstrieb im Bereich der Gnitzen und Kolumbatscher Mücken* (Berlin 1962) sehr anschaulich, wie die Nikotinaria, deren er in einem Anhang gedenkt, zum Aufbau der nötigen Lebensstoffe des Nikotins bedarf und daher ihre Eier vorzüglich in Tabakfeldern ablegt. Da die Mücken nahezu lautlos und ohne den Menschen zu behelligen zu Tausenden sich in Tabakplantagen aufhalten, werden sie von den Pflückern wie ihresgleichen behandelt und gerne gesehen, stören sie doch nicht weiter. Nun ist es interessant zu berichten, daß die Eier der Nikotinaria, für das menschliche Auge nicht sichtbar, den Prozeß des Trocknens der Tabakblätter nicht nur einwandfrei überstehen, sondern darunter geradezu prächtig gedeihen. Immer noch winzig klein, gelangen sie mit dem zerschnittenen Tabak, ohne daß ihnen die maschinelle Verarbeitung etwas anhaben könnte, in Zigaretten, Zigarren oder Pfeifentabak, kurz in alle Waren, deren ein Raucher so dringend bedarf. Nunmehr aber scheint der Zeitpunkt gekommen, da die Larven ausschlüpfen. Und hier handelt die Natur wie stets in weisester Planung. Während die meisten Larven durch die Berührung mit der Luft rasch absterben, gelangen stärkere zu bester Entwicklung. Hier ist es das Nikotin, das ihnen die nötigen Aufbaustoffe zuführt. Von goldgelber bis bräunlicher Farbe, halten sich die etwa 6 mm großen Larven im Tabak auf und bewegen sich nur wenig. Nach ungefähr drei Wochen setzt das Puppenstadium ein, das aber nur kurz dauert, hat doch die Larve bis dahin fast allen vorhandenen Tabak aufgefressen. Nach etwa zehn Tagen streift die herangewachsene Mücke die Puppenhülle ab und strebt ins Freie. Meist durchstößt sie das Zigarettenpapier oder die äußerste Hülle einer Zigarre und entkommt, nicht ohne dabei ein kleines Loch als unverkennbare Spur zu hinterlassen.

Zumeist aber trifft der Mensch auf die Nikotinaria während ihres Larvendaseins. Wir geben *Nettelbohm* das Wort: „Wie oft kommt es vor, daß ein Raucher sich genüßlich eine Zigarette anzünden will, sei es, daß er damit eine für ihn unangenehme Wartezeit überbrücken möchte, sei es, daß er einfach das Verlangen nach einer bescheidenen Freude verspürt. Er zieht die Zigarettenpackung aus der Tasche, entnimmt einen der schlanken Freudenspender und siehe da, die Umhüllung fühlt sich weich an. Ist die Zigarette schlecht gefüllt? Nein, es ist die Larve der Nikotinaria, die schon einigen Tabak verzehrt hat und im weißlichen Papier nichtsahnend ruht. Manchmal aber merkt der Raucher gar nichts davon, er entzündet die Zigarette und wundert sich nur über ihren ungewohnt schlechten Geschmack. Freilich würde er seinen Glimmstengel, wie er den Gegenstand seines Vergnügens liebevoll nennt, in weitem Bogen wegwerfen, wüßte er um den Inhalt. Nachdenklich aber mag es Pfeifenraucher stimmen, wenn sie ihre Tabaksbüchse öffnen und darin die Larven, umgeben vom schwindenden Rauchgold, finden. Und was wird einer sagen, der, aus welchen Gründen immer, eine Rauchpause von mehreren Wochen einlegen mußte? Wenn er seine Büchse aufmacht, findet er keinen Tabak mehr darin, wohl aber einige abgestorbene Mücken!“ Der einsichtige Tierfreund wird solchen Vorkommnissen aus dem Weg gehen. Ihn rührt das Schicksal der Nikotinaria, wenn er auch den wohlfeilen Genuß angenehm duftenden Tabaks nicht verdammen will.

Nicotinaria Schrimpf.-Astor

Doppelfiterzigarette: Mit Larven der Nikotinaria (Anfangsstadium)

Doppelfilterzigarette: Zustand knapp vor dem Austritt der Nikotinariamücke

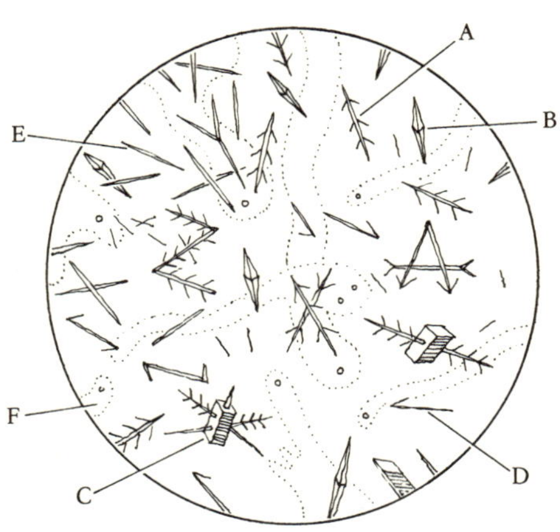

Mikroskopische Vergrößerung von Zigarettenrauch
A Nikotinkristalle
B Raucherquarks
C Staub
D Asbestkristalle
E Flügelteile der Nikotinaria
F Teerschlieren

Das Seewürstchen

(Mortadella maris H.) – Familie: Cucumariidae
Verbreitung: besonders im Mittelmeer
Größe: maximal 7 cm
Farbe: rötlich, fleischfarben

Welcher Feinschmecker kennt nicht die eingemachten Köstlichkeiten, die bei jeder Festtafel einen wahren kulinarischen Höhepunkt bilden, wenn sie, appetitlich in heißer Brühe schwimmend, aufgetischt werden? Wir meinen die Seewürstchen, diese possierlichen Stachelhäuter, die mit den Cucumariiden, den Seegurken, verwandt sind. Die etwa sieben Zentimeter langen Tiere haben ein rötliches Äußeres, das durch die vielen Tentakel ein genopptes Aussehen erhält. Die Seewürstchen leben im seichten Wasser der Meeresufer, wo sie ihre Nahrung in kleinen Fischen finden. Ganz anders als die Seegurken, die eine geradezu unanständige Trägheit ihr eigen nennen, muß man die Seewürstchen als außerordentlich fröhliche Tiere bezeichnen. Sie hüpfen, meist zu Paaren vereint, die sich an ihrem hinteren Ende miteinander mittels einer Art von Greifarmen verknüpfen, springlebendig im Wasser umher, eine Freude für alle badenden Menschen, denen das tolle Treiben der Mortadella eine angenehme Abwechslung in dem sonst ja eher öden Stranddasein bietet. Freilich sähe sich schwer getäuscht, wer nun meinte, einfach ein Seewürstchen mit Händen greifen und überm Zeltfeuer braten zu können. Nicht nur, daß die Tiere mit ihren Tentakeln empfindlich die Haut des Menschen ritzen, müssen sie zum Genuß auch erst entsprechend zubereitet werden. Zu diesem Zweck werden die Würstchen mit Netzen gefangen und zunächst einmal an freier Luft ausgelegt, was ihnen bald den Garaus macht. Dann kann man sie vorsichtig in die Hand nehmen und muß ihre Tentakel mit Schmirgelpapier wegreiben. Wenn die Haut der Tiere glatt genug ist, köpft man die Würstchen und drückt nun mit geübtem Handgriff den Inhalt heraus. Auf diese Weise wird das Tier zur Gänze ausgeleert, bis nur mehr die Haut als leere Hülle übrigbleibt. Dahinein füllt man nun eine je nach Geschmack vorher zubereitete Wurstmasse, was heute meist schon maschinell vorgenommen wird. Sobald die Masse fest zusammengedrückt ist, kann man die Hülle abstreifen und durch einen echten Wurstdarm ersetzen. In dieser Form kommen die Tiere dann in die Küchen der Feinschmecker, die sich freuen, hier – unterstützt von einer rasch und sauber arbeitenden Nahrungsmittelindustrie – echte Seewürstchen frisch vorgesetzt zu bekommen. *Von Bismarck* lobt übrigens besonders den Geschmack der ligurischen Würstchen, wie sie in der Gegend von Savona gefangen werden, und faßt seine Beschreibung der Delikatesse dieser Tiere in dem Satz zusammen: „Ich weiß nicht, was mir mehr Wurst wäre."

Die Seewürstchen bringen übrigens lebendige Junge zur Welt. Die Eier entwickeln sich im Leib der Tiere und werden, haben sie eine gewisse Größe erreicht, als kleine, aber sich schon tüchtig tummelnde Würstchen ausgestoßen. Sie hängen meist an den Enden zusammen und bilden solcherart eine Kette, die dann lianengleich im Wasser umherschwimmt.

Mortadella maris H.

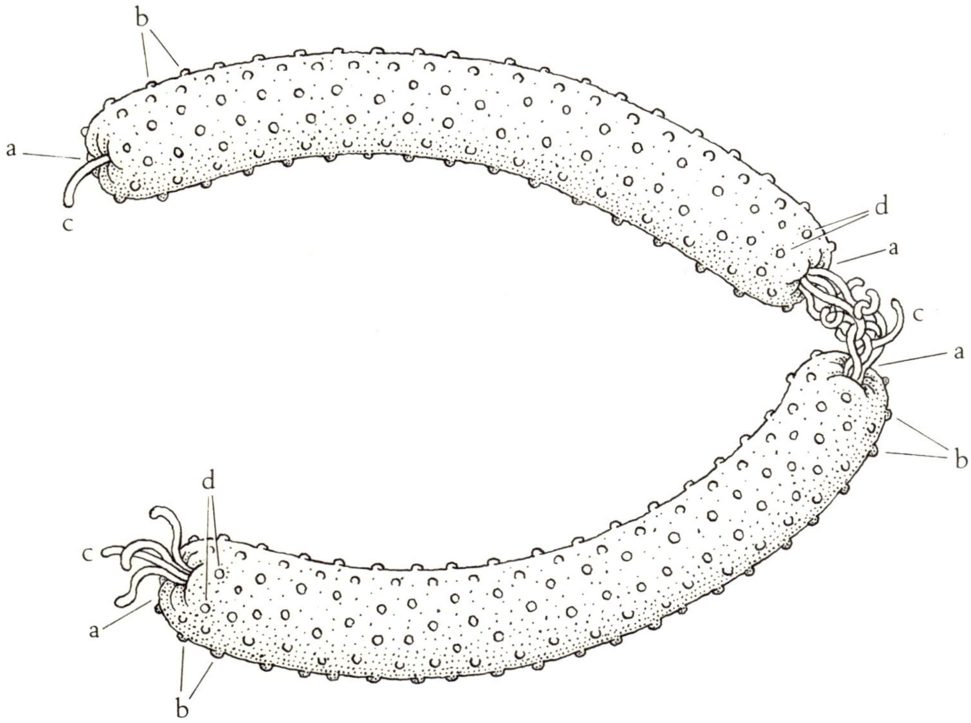

Weibliches und männliches Seewürstchen in ihrer fröhlichsten Form
aaaa After
bbb Tentakeln
ccc Greiftentakeln und Geschlechtsteil, ausgefahren
dd Augen

Deutsche Seewurst,
aus Ligurischen Seewürstchen hergestellt

Der Schwammfisch

(Chimaera lacunosa Haftl.) – Familie: Chimaeridae
Verbreitung: Alpen
Größe: etwa 30–40 cm lang
Farbe: bräunlich oder graugelb

Nicht in allen Fällen vermögen wir die Erscheinungen der Natur, so weise planend sie uns gemeinhin entgegentritt, restlos zu preisen, ja es mag manchem Einsichtigen schon der Gedanke gekommen sein, der kluge und auf gerechten Ausgleich bedachte Haushalt der Schöpfung sei in manchen Beispielen auf das bedauerlichste gestört, dort nämlich, wo ein empfindlicher Mangel einem Lebewesen die Existenz stetig zur Last macht. Denken wir nur an die Bekrönung irdischen Lebens, an den homo sapiens. Wie gerne möchte er fliegen, seit Jahrtausenden nährt er in sich diesen sehnlichen Wunsch! Aber ihm hat die Natur keine Flügel verliehen, ihm hat sie verwehrt, was sie in verschwenderischer Fülle den Vögeln zugestand. So muß sich der Mensch mit allerlei mühevollen Hilfen begnügen, er muß sich ein Luftschiff (Aeroplan) konstruieren, mit dem er schwerfällig genug und unter lautem Getöse am blauen Himmelszelt umherirrt, wobei bekanntlich nach einiger Zeit ein kurzer, aber beträchtlicher Knall entsteht, der das in solchen Fällen unvermeidliche Platzen des Trommelfells anzeigt. Denn der menschliche Körper ist eben leider für derartige Unternehmungen nicht gebaut. Auch die Tatsache, daß die Piloten nicht einmal imstande sind, den Schall, also den Lärm ihrer Maschine, festzuhalten, so daß er ihnen verlorengeht und hinter dem Flugzeug zurückbleibt, auch diese Tatsache läßt doch eindringlich erkennen, wie wenig geeignet sich der homo sapiens für solche ihm fremden Verhaltensweisen darstellt. Genug an diesem überzeugenden Beispiel!

Auch in der Tierwelt begegnen wir allenthalben, wenn auch verständlicherweise im Verborgenen, schwergeprüften Lebewesen. Einem Hartherzigen mögen diese Phänomene als kuriose Launen der Natur erscheinen, der wahre Tierfreund aber wird mit den armen Existenzen mitfühlen, wird sie bedauern und mit ihnen an seine eigene Dürftigkeit gemahnt werden. Freilich darf ihn dann wieder die Einsicht stolz beglücken, daß Fleiß, Tüchtigkeit und Ordnungssinn den homo sapiens dem Tier weit überlegen machen.

Wir wählen aus vielen verschiedenen Fällen den Schwammfisch (Chimaera lacunosa Haftl.), weil er weit verbreitet ist und somit größeres Interesse beanspruchen darf. Dieses bemitleidenswerte Tier ist ein Fisch wie jede andere Fischart auch, nur wird sein Dasein von zwei erstaunlichen Mängeln beschwert: einmal kann er nicht schwimmen, denn er besteht im wesentlichen aus einer schwammähnlichen Substanz, die sich im Wasser sofort mit Flüssigkeit vollsaugen und sodann untergehen würde, zum anderen lebt er weitab von jedem Wasser auf dem Festland und empfindet dies als Fisch selbstverständlich als immerwährend grauenvolle Lage. Das Tier wird zumeist in Bergeshöhen, auf Almen, Steinkaren oder Geröllhalden gefunden, durch seine braungraue Farbe und sein poröses Äußeres hebt es sich kaum von der Umgebung ab. Mühevoll röchelnd, wie dem Beobachter scheinen mag, liegt der Schwammfisch da, nährt sich kümmerlich von Bergflöhen (Sarcopsylla montana H.), die ihn gerne angehen, sich aber in dem zerklüfteten und zerlöcherten Körper des Fisches heillos verirren und von diesem mittels einer Art Ganzkörperverdauung verspeist werden. Dies ist übrigens auch der Grund, wieso wir keine Überreste von Flöhen aus früheren Erdperioden kennen, wenn man von dem einzigen in einem Bernstein aufgefundenen Floh, der Palaeopsylla klebsiana Dampf., absieht. Die Urflöhe wurden von den schon damals existierenden Schwammfischen vollzählig vertilgt. Vielleicht ist diese Tatsache die einzige Genugtuung, die dem sonst so kärglich bedachten Schwammfisch bereitet wird.

Es erübrigt sich noch, kurz auf die Tragik des Schwammfisches hinzuweisen. Wie muß ein Fisch fühlen, der sich schwimmuntauglich weiß, und wie tief muß es ihn schmerzen, als Fisch auf dem trockenen Land dahinzuvegetieren (dies übrigens im wahrsten Sinne des Wortes, da der Schwammfisch in Notfällen, wenn nicht genügend Bergflöhe vorhanden, sein Auskommen durch massenweises Vertilgen von Enzian, Gentiana acaulis L., findet)! Man kann sich den Zwiespalt des jammervollen Tieres lebhaft vorstellen! „Zwei Seelen wohnen, ach! in meiner Brust“, sagt der Dichter so trefflich. Und auch die Tatsache, daß mitleidige Bergsteiger gelegentlich sich eines Schwammfisches annehmen und ihn bei sich zu Hause in ein Aquarium aussetzen, kann diesen unseligen Tieren nur wenig Freude bereiten, denn was bedeutet es schon, am Grunde eines Wasserbehälters zu liegen und von anderen Fischen, die sich fröhlich tummeln dürfen, als willkommenes Versteck benützt zu werden?

Chimaera lacunosa Haftl.

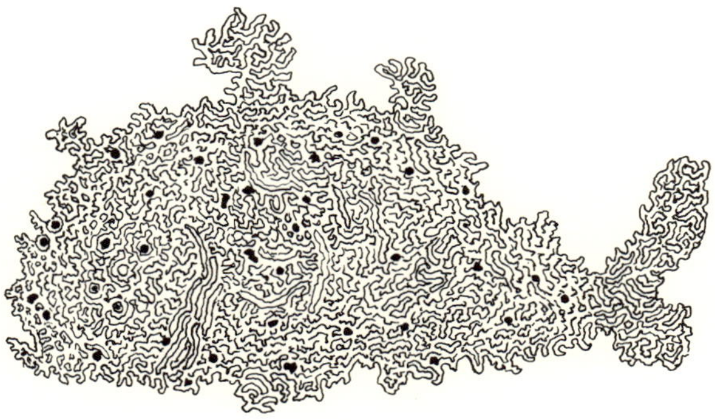

Physiognomie des Schwammfisches

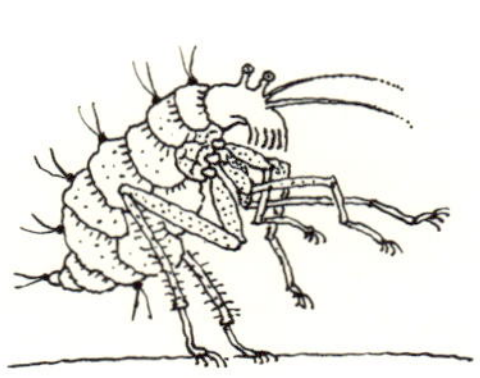

Der Bergfloh

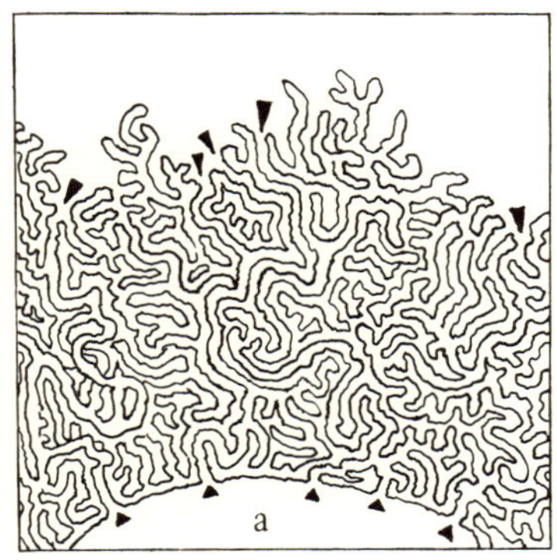

Das Freßlabyrinth des Schwammfisches
Pfeile: Ein- und Austrittstellen
a Magen

Schwammfisch als Opfer mißverstandener Tierliebe

Der weisse Olm

(Proteus invisitatus H.) – Familie: Proteidae
Verbreitung: in nördlichen Breiten?
Größe: 20–30 cm
Farbe: farblos

Der weiße Olm kann mit Fug und Recht als einer der zartesten Vertreter seiner ohnehin zarten Spezies bezeichnet werden. Er unterscheidet sich von dem weitaus häufiger auftretenden Blutolm und dem auch in unseren Breiten gelegentlich anzutreffenden spinatfarbenen Grasolm durch seine fast unmerkliche Farbgebung. Ja man könnte ihn geradezu als farblos bezeichnen, würden nicht unter günstiger Beleuchtung merkbare Aderzeichnungen auf seinem extrem hellen Leib dem Auge des Betrachters Anhaltspunkte bieten. Überhaupt haben wir es hier mit einem in jeder Beziehung außerordentlichen Tier zu tun. Zunächst sei an die ganz unwahrscheinlich anmutende Seltenheit des weißen Olms erinnert. Manche Forscher, wie etwa *Quetchwood* und *von Priesnitz* in ihren schätzenswerten *Reiseberichten zweier Tiefseeforscher aus dem Polarmeer* (Berlin 1923) bezeichnen den Olm als so gut wie nicht existent; *Zünzelmann* (*Als Löwenjäger in Asien*, p. 634) behauptet sogar: „Dem weißen Olm bin ich nirgends begegnet."

Tatsächlich hat man es hier mit einem äußerst scheuen Landtier zu tun, das sich vornehmlich unter Steinen oder im dichtesten Laub aufhält, wo es seine kümmerliche Nahrung sucht. Dazu dienen ihm vertrocknete Larven von Eintagsfliegen, Eier der makkaronifarbenen Erdfliege, die in Alpengegenden auch unter dem Namen „Altweiberwürstchen" (oder „Jungferngäggel") bekannt ist, endlich auch Glasläuse, Milben und dergleichen. Kein Wunder, daß bei solcher Nahrung der Olm keinen ansehnlichen Korpus sein eigen nennt. Nach der Nahrungsaufnahme, die zumeist unter beträchtlichem Ächzen und Stöhnen vor sich geht (worauf wahrscheinlich die in der Gegend von Worms verbreitete Sage vom „Holzwimmerer" zurückzuführen ist), zeigt das Tier eine deutliche Dreiteilung, so zwar, daß ein dritter Teil einem ersten und zweiten Teil folgt. Gewisse Beobachtungen, vor allem von *Mayer* und *Waldhäusel*, sprechen dafür, daß auch die Vermehrung des weißen Olms solchem Prinzip folgt. Dahin weist auch die von mehreren Forschern mitgeteilte merkwürdige Tatsache, daß die Anzahl der aufgefundenen weißen Olme immer drei oder ein Mehrfaches von drei ausmache.

Über die sonst mehr stille Existenz der possierlichen Tierchen kann nur wenig berichtet werden. Sind sie doch auch, wie übereinstimmend festgestellt wird, überaus schreckhaft. Unsere Abbildung zeigt einen weißen Olm, wie wir ihm in unseren heimischen Wäldern, wo er sich rudelweise tummelt, häufig begegnen. Wie oft wird nicht ein einsamer Wanderer durch das ängstliche Geplärr und das kaum merkbare falbe Aussehen des Olms aufs heftigste erschreckt!

Der eingangs erwähnte spinatfarbene Grasolm, von dem es auch eine ukrainische Abart gibt, rechnet zur Familie der Proteiden, ebenso wie der Blutolm. Beide müssen als gefährliche Schädlinge bezeichnet werden, weswegen sie bereits 1879 in der RVO XII betreffend die Verfolgung von Holzwürmern im Königreich Sachsen in einem Zusatzparagraphen erfaßt wurden (auf eine Erneuerung dieses Gesetzes wäre dringlich hinzuarbeiten!).

(LUREA TRANSP. H.)

Proteus invisitatus H.

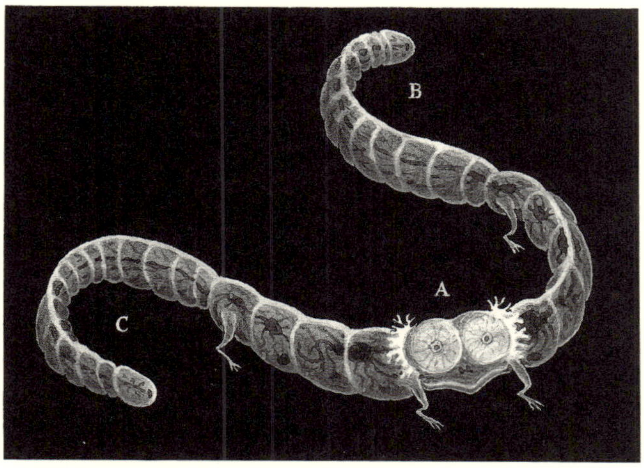

Der fast durchsichtige weiße Olm
A Kopfteil
B Hinterer Schwanz
C Vorderer Schwanz

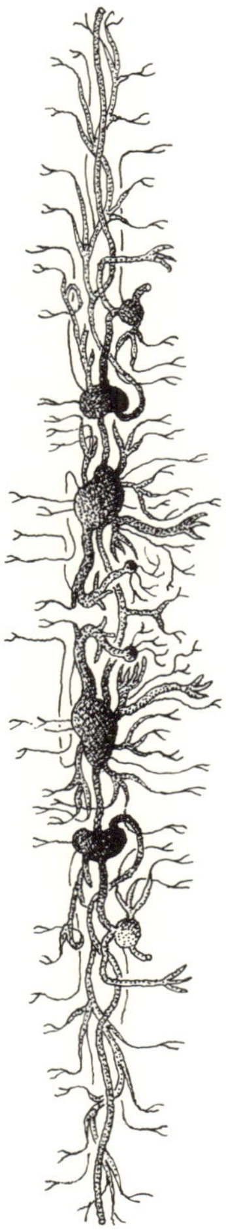

Das Venen- und Arteriensystem nach Auffassung Priesnitz'

Das Tropenhuhn

(Gallus imbecillus Fisch.) – Ordnung Galli
Verbreitung: warme Zonen
Größe: bis zu 40 cm Höhe
Farbe: braun schillernd

In den heißen Zonen lebt das Tropenhuhn, entfernt mit dem Dschungelhuhn (Gallus lafayettii) verwandt, aber doch mit diesem keinesfalls zu verwechseln, eine Hühnerart, die sich durch mancherlei von den anderen Hühnervögeln unterscheidet. Zwar weist es den schon vom Haushuhn gewohnten Bau auf, auch die Größe entspricht der der einheimischen Hühnerarten, aber es übertrifft dieselben mit seiner angeborenen Intelligenz bei weitem. Es darf ohne Übertreibung zu den unintelligentesten Tieren gezählt werden, will man einmal diesen dem Bereich des homo sapiens entnommenen Begriff auch für die Tiere gelten lassen. Konnten schon an Haushühnern zahlreiche erstaunliche Versuche unternommen werden, so eignet sich das Tropenhuhn überhaupt ganz hervorragend für Experimente in der Forschung, ja es ist das Versuchstier schlechthin, das dem dafür ohnedies kaum geeigneten Affen bald den Rang abgelaufen haben wird. Es braucht hier wohl nicht erwähnt zu werden, daß der ernsthafte Tierliebhaber Versuchen, die dem Tier selbst zugute kommen, indem sie die menschliche Kenntnis über dasselbe erweitern, gewogen sein darf, um so mehr, als er damit immer neue Nahrung für seinen lobenswerten Wissensdurst erhält. Daß man solche Experimente deutlich zu scheiden hat von Vorgängen, die dem Tier schaden, indem sie es an die Stelle von Menschen setzen, bedarf wohl keines eigenen Hinweises. Das Wort vom Tier, das man nie zum Scherz quälen soll, hat hier seine wahre Bedeutung erlangt, und wer je bemerkte, wie stumm ein Ixodes ricinus L. zu leiden vermag, wenn er mit Füßen getreten wird, der weiß, daß Tiere wirklich wie Menschen Schmerzen empfinden können.

Das Tropenhuhn wird aber zu vernünftigen Experimenten verwendet, Experimente, die ihm seine eigenen Fähigkeiten deutlich und erfreulich vor Augen führen, solcherart dadurch schon gefördert. Lassen wir einen der bedeutendsten Zoologen, Heinrich *Fischer*, über seine Erfahrungen berichten: „Das Tropenhuhn eignet sich vorzüglich für Intelligenztests, da es eine geradezu erstaunliche Anti-Intelligenz aufweist. Man bedient sich dazu komplizierter Apparaturen, wie sie vor allem von Muhrauer und unabhängig davon von *Collins* entwickelt wurden. Dem Huhn werden dabei Elektroden an beide Seiten des Kopfes angelegt oder besser noch unter die Haut geführt. Das Tier befindet sich auf einer Art Holzgestell und ist so eingespannt, daß es sich kaum rühren, auf jeden Fall aber nicht wegbewegen kann. Nun wird von oben ein faustgroßer Stein, der an einer leichten Kette hängt, auf den Kopf des Huhnes herabgeworfen. Gleichzeitig läuft auf beiden Seiten der Anlage auf kleinen Leinwänden ein Film ab, der dem Tier nichts anderes als wechselnde Farbeindrücke vermitteln soll. Um der bekannten Gewitterfurcht der Hühner zu steuern, erzeugt man ein künstliches Schönwetter, indem man die Anlage mit starken Scheinwerfern bestrahlt. Während der obengenannte Stein mehrmals auf den Kopf des Versuchstieres herabgelassen wird, drückt gleichzeitig ein an einem Stab befindlicher Verschluß gegen den After des Huhns, um ein vom Versuchstier vielleicht als Ausdruck einer gewissen erklärlichen Verlegenheit vorgenommenes Eierlegen zu verhindern. Der ganze Versuch dauert etwa 10 Minuten. Es ist nun überaus interessant festzustellen, daß das Tropenhuhn in keiner Weise auf die vielfältigen Reize, die ihm bei diesem Versuch geboten werden, reagiert. Es verharrt vielmehr still und extingiert hernach völlig ungerührt, ein hervorragendes Beispiel trefflicher Anti-Intelligenz im Tierreich." Soweit *Fischer*, dem wir die umfänglichsten Beschreibungen derartiger Experimente verdanken. Ein in der Anlage noch verfeinerter Versuch, im Jahre 1975 in Japan unternommen, ist aus der beigefügten Abbildung ersichtlich. Auch er führte zu der hochinteressanten Erkenntnis, daß die Gehirnqualitäten des Tropenhuhns nicht nur die aller anderen Tiere übertreffen, sondern auch dem Menschen am nächsten kommen. Kein Wunder, daß man daher die Galli imbecilli überall dort findet, wo sich der Mensch der lehrhaften Anschauung der Tierwelt widmet: in zoologischen Gärten und ähnlichen Institutionen.

GALLUS IMBECILLUS FISCH.

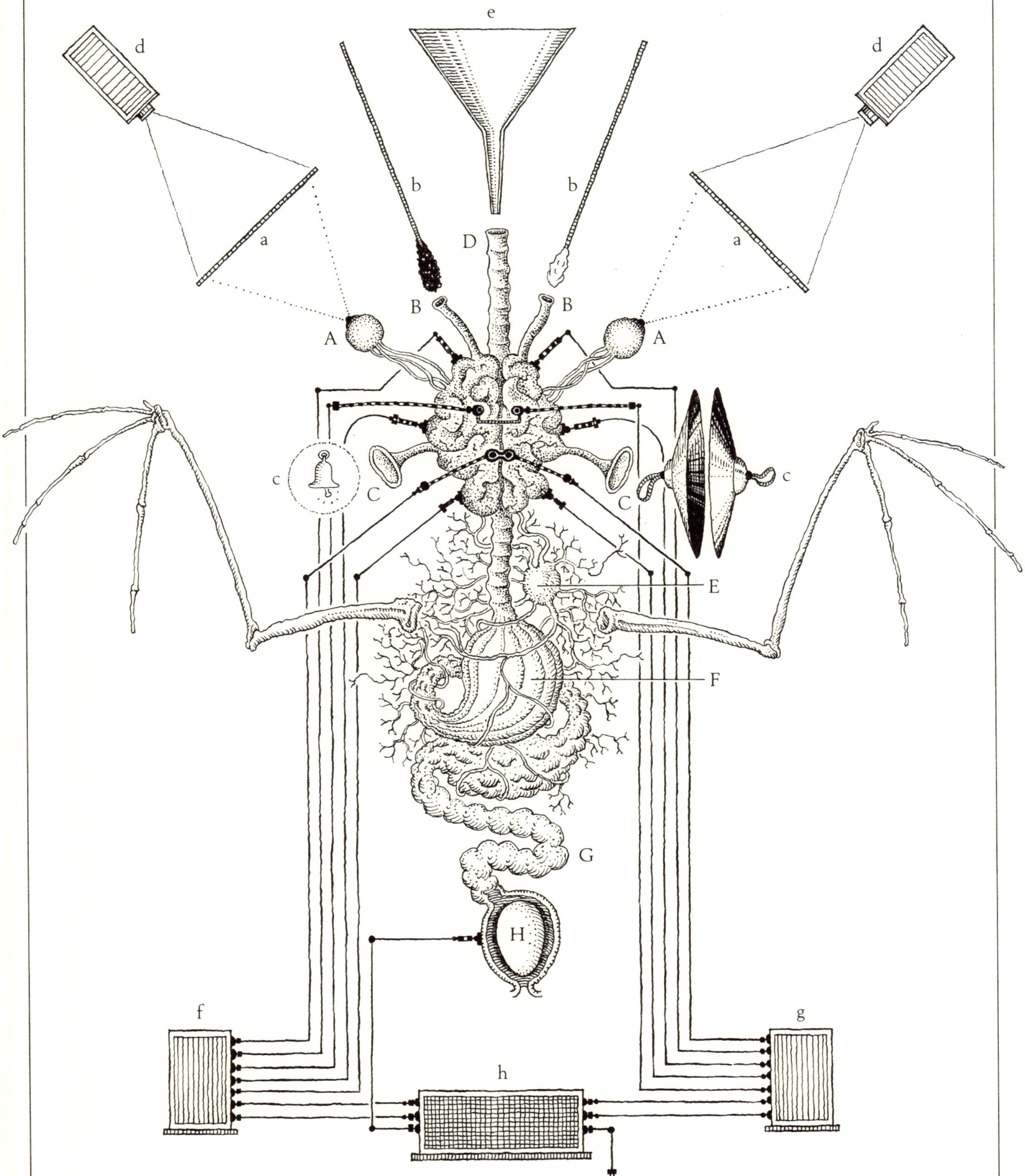

Schema einer Anlage zur Messung der Intelligenz nach Prof. Eikju Mesha, Tokio

AA Augen, BB Nasenlöcher, CC Ohren, D Schlund, E Herz, F Magen, G Darm, H Ei
aa Mattscheibe für Filmprojektionen: links Kulturfilm, rechts Horrorthriller
bb Geruchsstäbchen: links menschl. Kot, rechts Rosenduft
cc Geräuschquellen: links lieblich, rechts extrem laut
dd Projektor, e Freßtrichter, f Elektronische Meßapparatur: rechte Hirnhälfte
g Elektronische Meßapparatur: linke Hirnhälfte, h Diagnoseapparatur

Das Tropenhuhn als Versuchstier

Die Wasserleiche

(Aquatinctor Ptrs.) – Familie: Pseudodelphinidae
Verbreitung: in allen zivilisierten Ländern
Größe: bis etwa 60 cm Länge
Farbe: farblos

Die Wasserleiche gehört trotz ihres fischähnlichen Aussehens zu den Säugern. Leider hat sie sich bisher unter den Menschen kaum Freunde gemacht. Dabei hat auch dieses fleißige Tier Anspruch auf unser Interesse, ist erst einmal geklärt, warum der Aquatinctor seiner von der menschlichen Gesellschaft ungern gelittenen Betätigung nachgeht. Dann wird man über den Einfallsreichtum der Natur staunen und mit dem Dichter die bewundernden Worte sprechen: „Nicht alles dienet uns auf gleiche Weise!“

Die Wasserleiche ist von äußerst schlanker, wenn auch ziemlich weitläufiger Gestalt und nahezu durchsichtig. Da ihr Inneres so gut wie farblos genannt werden muß, kommt es immer wieder vor, daß die Tiere nicht gesehen werden, obwohl sie zweifellos vorhanden sind. Ihr Aufenthaltsort ist, wie schon der Name sagt, das Wasser, vorzüglich aber enge Kanäle, Brunnen und Röhren. Hier fühlt sich die Wasserleiche wohl, paßt sich ihre wendige Gestalt doch vortrefflich solchen Örtlichkeiten an. So nimmt es nicht wunder, daß sich das Tier besonders gern in Abflußrohren von Waschbecken oder Badewannen ansiedelt. Hier findet es die bevorzugte Nahrung: kleine Schmutzteilchen, Textilfasern, Haare und dergleichen. Eifrig vertilgt die Wasserleiche diese vom Menschen ungern gesehenen Abfälle, aus denen sie die notwendigen Aufbaustoffe gewinnt. Freilich kommt es solcherart zu den für die Menschen unliebsamen Erscheinungen. Vergrößert die Leiche nämlich durch die andauernde Nahrungsaufnahme ihren Leibesumfang, so verstopft sie endlich den Wasserabfluß. Wie oft kommt es vor, daß nach dem sonntäglichen Bad, das die Familie in froher Laune vereinte, das Wasser nicht mehr abfließen will. Trotz sofort angewandter Saugglocke (Campanula suconis Schrimpf.) kommt aber kein stopfender Gegenstand zum Vorschein. Da ist es die für den Menschen nicht wahrnehmbare Wasserleiche, die dem Naß den Abfluß verwehrt. Mit ihren Saugnäpfchen, deren sie längs ihres Leibes zahllose besitzt, hält sie sich an den Rohrwänden fest und weiß nicht, daß sie zum Ärgernis friedlicher Menschen geworden ist. Würde aber der homo sapiens doch endlich erkennen, wie sehr ihm die Natur hier entgegenkommt! Denn ohne die emsige Nahrungsaufnahme der Wasserleiche könnten Abfälle ungehindert die Abflußrohre verstopfen.

Traurig zu nennen ist endlich das Schicksal der Tiere, wenn sie zur Vermehrung schreiten. Nach mühevollem Begattungsvorgang, nach wenig beneidenswerter Trächtigkeit und schmerzlichem Gebären, das oft von leisem Wimmern der tapferen Tiere begleitet wird (wer kennt nicht die merkwürdigen Geräusche, die aus Abflußrohren dringen?), säugt das Muttertier seine meist in die Hunderte gehende Nachkommenschaft. Auch dazu dienen die bereits erwähnten Saugnäpfchen. Die kleinen Wasserleichen, die gleich nach der Geburt eine erstaunliche Aktivität entwickeln, saugen ihre Mutter buchstäblich leer. Dabei wachsen sie in unbeschreiblicher Schnelligkeit, während das alte Tier immer dünner und fadenscheiniger wird. Endlich bleibt nur mehr seine inhaltsentleerte Hülle vorhanden, die, befreit von den selbständigen Jungtieren, rasch mit dem Wasser abfließt. In Kanälen, Flüssen und Abwässern kann man die zarten Gebilde, deren ehemalige Funktion sich kaum mehr erkennen läßt, dahintreiben sehen. Gar mancher, der auf einer Brücke stehend sinnend ins ewig fließende Naß blickt, mag sich schon gefragt haben, welches düstere, niemals beschriebene Schicksal eben unter ihm vorüberzog.

Aquatinctor Ptrs.

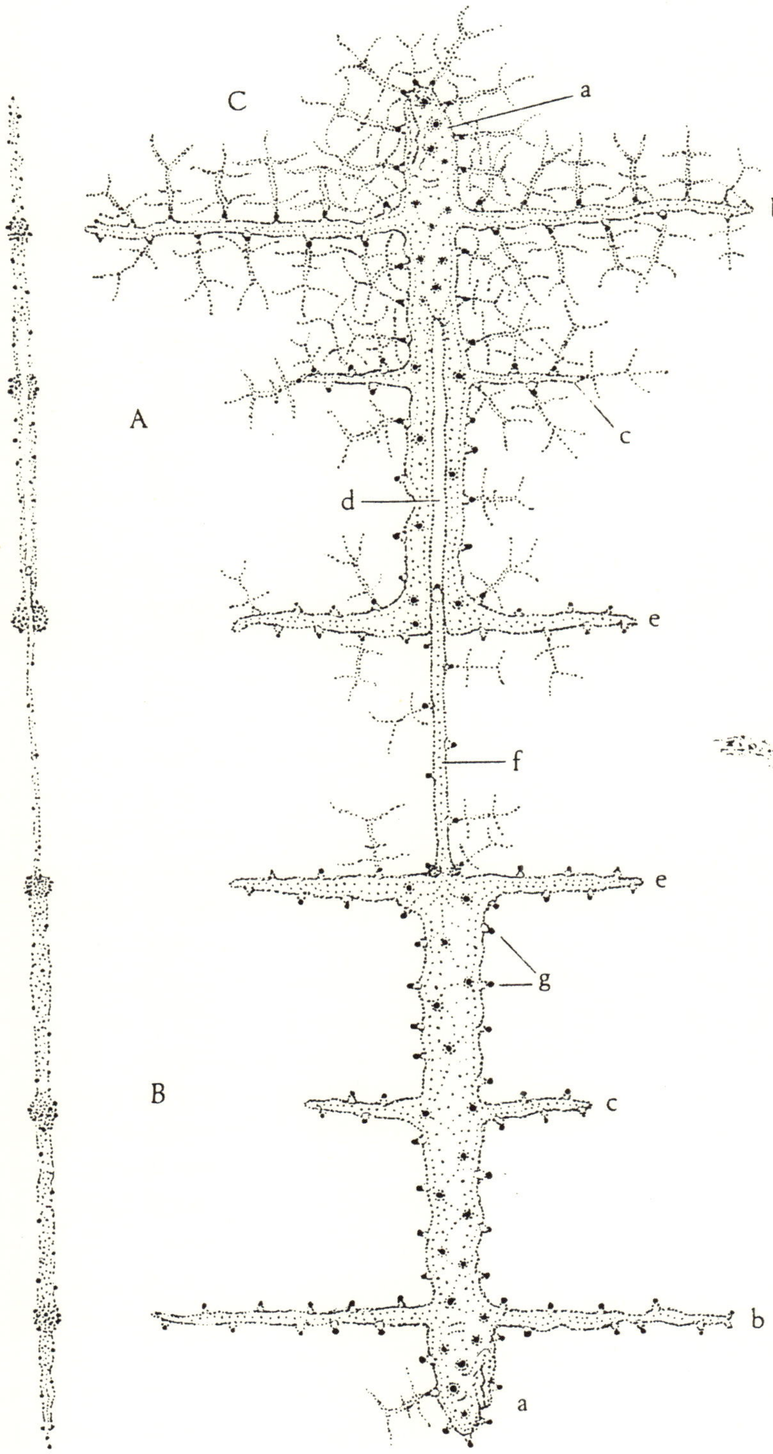

Seitenansicht (ohne Jungleichen)
A weiblich, B männlich, C Jungleichen
aa Kopf, bb Armflossen, cc Bauchflossen
d Vagina, ee Fußflossen, f Penis, g Saugnäpfchen

DIE WASSERLEICHE

Weibliche Jungleiche (3 Monate alt)

Tote Wasserleiche

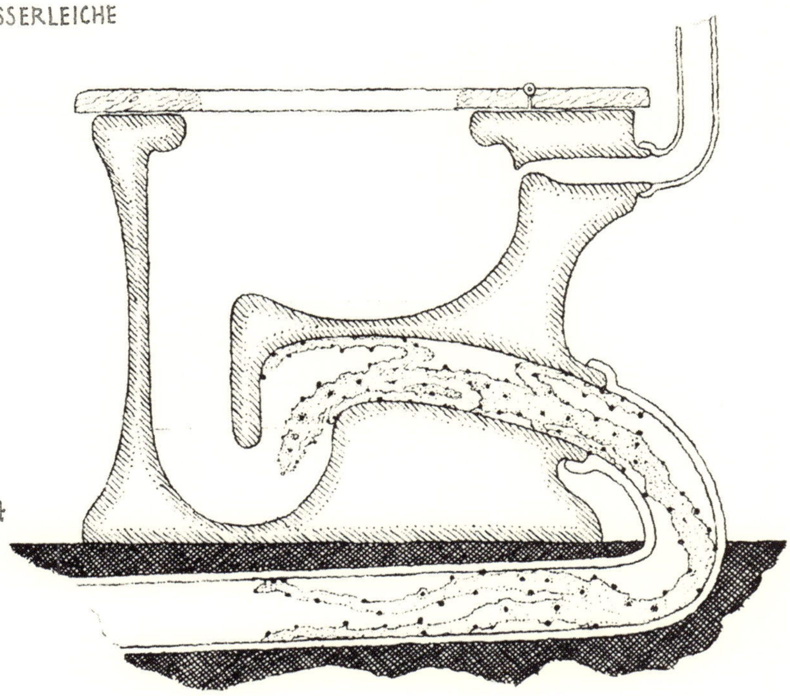

Wasserleiche in einem Wasserklosett

Die Minigatta

(Felis minima Spar.) – Familie: Felidae
Verbreitung: Züchtung
Größe: maximal 8 mm hoch
Farbe: modefarben

Die Minigatta stellt, darin der Makartziege (siehe den Artikel) ähnlich, ein Züchtungsprodukt der neueren Zeit dar. Bei dieser Miniaturkatze handelt es sich um eine der lieblichsten Erscheinungen unserer an verblüffenden Arten so unerschöpflich reichen Tierwelt. Die Minigatta ist ein Ergebnis langwieriger Versuche, bei denen Zoologen aus aller Welt mitgearbeitet haben, wenn auch das endgültige Ergebnis dem italienischen Gelehrten *Prof. Luigi Sparanello* vom Florentiner Zoo zu danken ist. Mit seiner Versuchsanlage gelang es nach unsäglichen Mühen, die den Gelehrten manch schlaflose Nacht gekostet haben mögen, aus einer normal gewachsenen Katze ein Tier von der Standgröße weniger Millimeter zu züchten.

Die komplizierte, wenn auch in ihrem Wesen genial einfache Anlage läßt sich folgendermaßen beschreiben. *Prof. Sparanello* ließ eine gewöhnliche Hauskatze durch einen metallenen Ring springen, der um ein Weniges enger als der Leibesumfang des Tieres konstruiert war. Die Katze mußte sich also durch den Ring zwängen, dabei in sich zusammenziehen. Gleich dahinter war ein weiterer Ring mit nunmehr wiederum geringerem Durchmesser angebracht, hinter diesem ein nochmals engerer und so fort. Die Katze, ständig im Bestreben, sich durch die Ringe zu zwängen, wurde so, für sie selbst wohl kaum merkbar, immer mehr in sich zusammengedrückt. Geduld und entsagungsreiche Ausdauer waren nötig, um diesen Versuch mehrere Monate hindurch abzuwickeln. Nach einem dreiviertel Jahr aber stand das Ergebnis fest: die Katze hatte nur mehr die Höhe von acht Millimeter. Dabei gedieh das Tier prächtig, es zeigte keinerlei Ermüdungserscheinungen, was freilich auf die sorgsam gewählte Kost (vor allem Zwergfische) mit zurückzuführen ist.

Eine zweite, mit einem Kater durchgeführte Versuchsreihe erbrachte das gleiche Ergebnis. Nunmehr aber existiert die am 25. Juli 1969 der Fachwelt feierlich vorgeführte Minigatta bereits in der vierten Generation, sehr zur stolzen Freude ihres geistigen Vaters. Und in der Tat: die Tierchen sind allerliebst. Sie eignen sich vorzüglich als Geschenk, lassen sich bequem in Damenhandtäschchen befördern, ja selbst als lebendiger Schmuck, an einem Goldkettchen getragen, werden sie ihre anregende Wirkung nicht verfehlen. Und wer vermag die Freude der Kinder zu schildern, die mit einer zärtlich schnurrenden Minigatta spielen dürfen!

Zudem läßt sich das Tierchen leicht versorgen: seine Nahrung besteht in einigen Bröselchen von Fischmehl, wie man sie leicht in jeder Fachhandlung bekommt; als nächtliche Schlafstätte dient ihm eine Bodenfuge, wenn es nicht vorzieht, leise und gesittet durch die Wohnung zu schleichen. Nur in den Betten der Menschen hält es sich nicht gerne auf, droht ihm doch dort ständig der Erstickungstod. Alles in allem darf man die Minigatta als eine echte Bereicherung der Tierwelt ansehen, wenn auch vielleicht allzu spielerische Erscheinungen dieser Art mehr Sympathie als gelehrtes Interesse erwecken mögen. Indes sollte die wichtige ökonomische Seite derartiger Neuzüchtungen nicht übersehen werden. Im Zeichen einer von Energie- und Nahrungsmittelnot hart bedrängten Menschheit werden derart anspruchslose Tiere als Hausgenossen zweifellos immer mehr an Bedeutung gewinnen, garantieren sie doch – ohne ihre Besitzer finanziell wesentlich zu belasten – die Möglichkeit, sich auf humane Art mit Natur auseinanderzusetzen, eine stete Quelle der Freude und der Besinnung.

Felis minima Spar.

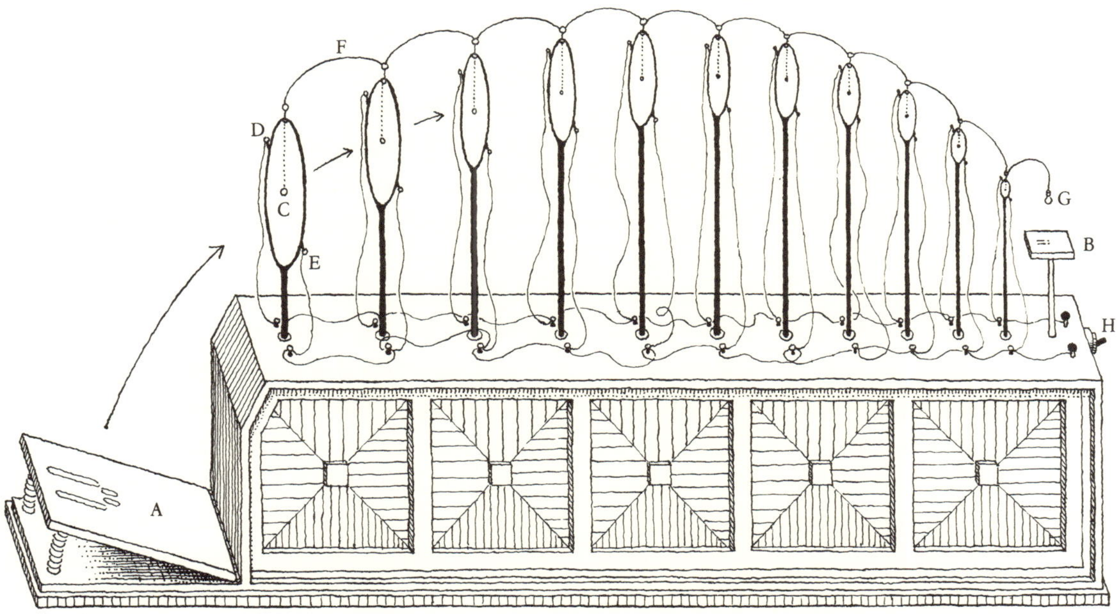

Zuchtanlage nach Prof. L. Sparanello (Zoologisches Museum Triest)
A Absprungbrett, B Aufsprungbrett, C Baldriankapseln als Köder, D Pluspol, E Minuspol, F Gleichstrom, G Kleine Wärmelampe, H Hauptschalter

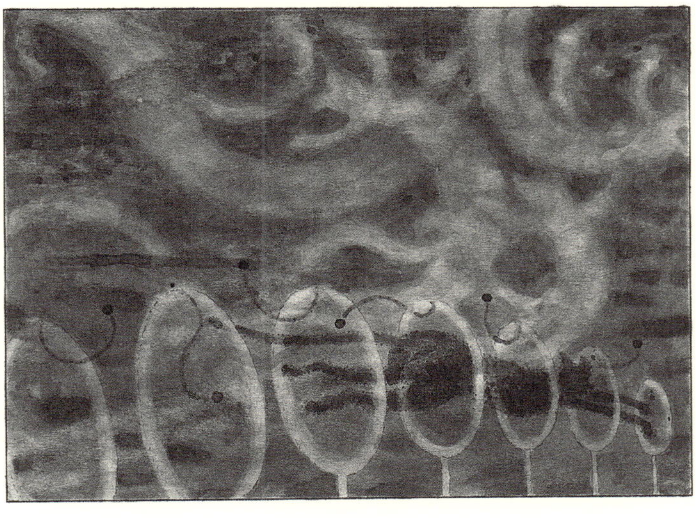

Erstes, durch Zufall entstandenes Lichtbild mehrerer Seelen einer Katze

W.S

Der Deutsche Familienhund

(Canis familiaris supremus Blunz.)
Familie: Canidae
Verbreitung: hauptsächlich Deutschland
Größe: bis zu 60 cm hoch
Farbe: wolfsgrau

Der Deutsche Familienhund, auch Niedersächsischer Waldläufer genannt, gehört zu den wichtigsten und beim Menschen beliebtesten Hunderassen. Durch seine angeborenen lobwürdigen Eigenschaften hat er sich das uneingeschränkte Vertrauen aller Tierfreunde gewonnen und darf wohl zu den begehrtesten Haustieren gezählt werden. Seine edle Gestalt, der Dogge nicht unähnlich, muß man mit Fug und Recht schön nennen, worauf schon Gabriele *Wohmann* in ihrer verdienstvollen Studie über das deutsche Familienwesen (Stierstadt 1967) hingewiesen hat. Das kraftvolle Verhalten des Deutschen Familienhundes, sein kluges Erkennen der Wünsche seines jeweiligen Herren, die Zuverlässigkeit seiner Reaktionen – all das macht es schwer, nicht in überschwenglichen Worten von diesem prachtvollen Tier zu berichten. Tiere und kleine Kinder haben bekanntlich viel Gemeinsames, der Deutsche Familienhund aber straft diese Tatsache Lügen: er übertrifft mit seiner Intelligenz selbst viele Erwachsene, denen ja nur allzu oft Disziplinlosigkeit eignet.

Über die Lebensweise des Deutschen Familienhundes darf hier hinweggegangen werden, ähnelt sie doch bis ins kleinste der anderer, wenn auch nicht so hochstehenden Hunderassen, nur ist hier freilich alles ins herrliche Übermaß gesteigert. Was aber den Familienhund neben seiner bereits erwähnten Schönheit (die sich vor allem im blanken Auge äußert) besonders charakterisiert, ist seine Treue. Dichter und ihresgleichen haben vergeblich versucht, diese unbeschreibliche Eigenschaft in preisenden Worten darzustellen. Aber hier kann nur eine realistische Schilderung der Sache gerecht werden. Wer kennt nicht die zahlreichen Fälle, da Deutsche Familienhunde an den Gräbern ihrer Herren trauernd saßen und tagelang jede Nahrungsaufnahme verweigerten, ja nicht einmal mit erlesensten Luxusknochen von der Ausübung ihrer Charakterfestigkeit abgehalten werden konnten. Besonders an den Ruhestätten friedloser Menschen, denen das Leben wenig an Freundschaft gab, findet man die edlen Tiere, stumme Trauer in den schönen Augen. Kein Denkmal, kaum ein literarisches Zeugnis kündet vom Schmerz und von der Seelengröße dieser Tiere. *J. W. v. Goethe* sagte einmal: „Es möchte kein Hund so länger leben!" und hat damit versucht, der hohen Meinung, die man von Tieren dieser Art haben muß, poetischen Ausdruck zu verleihen. Erinnert sei auch an jene rührenden Vorkommnisse, die der aufmerksame Beobachter immer wieder erleben kann: Deutsche Familienhunde beißen eher selbst ein Kind, als daß sie zuließen, daß ihrem Herrn oder ihrer Herrin auch nur ein Meter Wegbreite streitig gemacht würde. Welche standhafte Selbstbeherrschung dies vom Tier fordert, kann man sich denken!

Hält man sich den hohen Entwicklungsgrad des Deutschen Familienhundes vor Augen, so darf es nicht wundernehmen, daß etwa die Südländer an ihren vergleichsweise minderen Hunderassen keine rechte Freude gewinnen können. Freilich möge man nicht vergessen, daß auch der Deutsche Familienhund erst durch lange und entbehrungsreiche Hochzüchtung zu jener bedeutungsvollen Erscheinung geworden ist, die ihn zum Liebling aller Tierfreunde macht.

Da der Familienhund gelegentlich, und dies besonders in Niedersachsen, in freier Wildbahn auftritt, ward er auch Waldläufer genannt. In den Städten durch eisernen Gehorsam gekennzeichnet, darf er in den Wäldern seiner Kraft und seinem stolzen Mut freien Lauf lassen. Mit verwegener Kühnheit reißt er das Wild, ein herrlicher Vollstrecker des ewigen Kreislaufs der Natur.

Canis familiaris supremus Blunz.

Pfotenabdrücke von sieben paradierenden deutschen Familienhunden mit Leithund (1) in artiger Formation

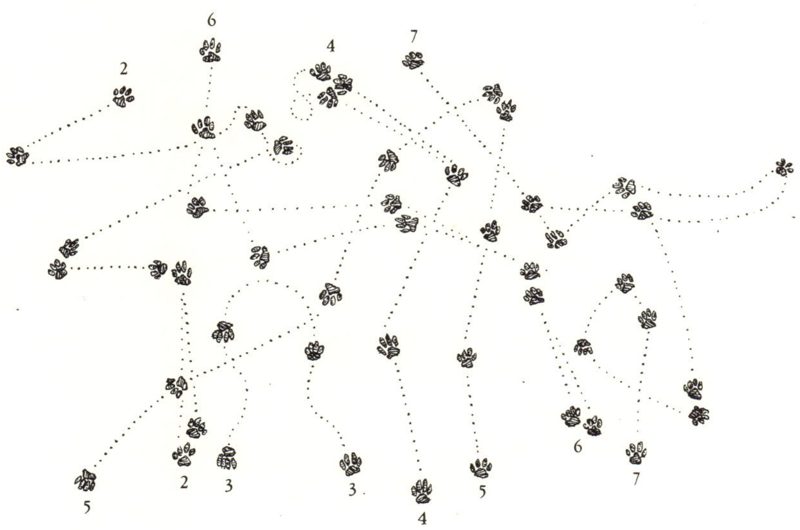

Entartete Formation (ohne Leithund)

Deutscher Familienhundekot in seiner schönsten Form

Das Tränenaas

(Cervus aquaplanctus Less.)
Familie: Rhinocerotidae
Verbreitung: Europa
Größe: ausgewachsene Tiere bis 2 Meter Länge und 1,5 Meter Höhe
Farbe: gräulich

Das Tränenaas ist ein trauriges Tier. Der hervorragende Zoologe Friedrich Chr. *Lesser* war es, der zum ersten Mal die kümmerliche Existenz dieses von der Natur nicht gerade liebevoll bedachten Geschöpfes beobachtete und ihm seinen trefflichen Namen gab. Auf einer seiner Forschungsreisen, die der fleißige Gelehrte in den Jahren 1730/40 in Europa unternahm, begegnete er in einem Wald bei Magdeburg einem Lebewesen, das ihm nicht bekannt schien. Nicht nur, daß er es, selbst bei nachsichtigster Beurteilung, als äußerst häßlich, ja abstoßend bezeichnen mußte, galt dem frommen Forscher als bemerkenswert; das Tier – obgleich allem Anschein nach nicht erschreckt – machte den verstörtesten Eindruck. Bei näherem Betrachten ergab sich, daß aus den Augen des seltsamen Wesens unaufhörlich Tränen strömten, die sich in mehreren Rinnsalen auf dem moosigen Waldboden ausbreiteten. *Lesser* hat die denkwürdige Begegnung in seiner *Theologia-animalia, oder ... auffmercksame Betrachtung derer sonst wenig geachtteten Thieren* (Frankfurt 1742), eindringlich beschrieben. Er bietet allda auch eine umfassende Darstellung der Lebensweise des Tränenaases, die wir hier nur in den wesentlichsten Punkten wiedergeben. Überdies verdanken wir *Lesser* auch einige, allerdings leider unbeachtet gebliebene Hinweise auf das Vorkommen des Tieres in anderen europäischen und sogar asiatischen Ländern.

Das Tränenaas ist wahrscheinlich mit vorgeschichtlichen Nashörnern verwandt, insbesonders mit dem bekannten Dicerorhinus schleiermacheri Kaup. Sein Körperbau ist nahezu unbeschreiblich, zeugt aber von dem, selbst in diesem abseitigen Fall spürbaren, zweckorientierten Walten der Natur. Da das Tränenaas so häßlich ist, gehen ihm andere Säuger aus dem Weg. Es hält sich also die Feinde vom Leibe, denn welches Tier würde gerne einer derart abstoßenden Erscheinung begegnen? So kann es ungestört seinem traurigen Wesen nachgehen. Besteht doch seine ganze Tätigkeit darin, andauernd zu weinen. Noch hat sich die Wissenschaft zu wenig mit der Psychologie der Tiere beschäftigt, so daß wir etwa über die eigentliche Ursache dieser anhaltenden Traurigkeit nichts Bestimmtes aussagen können. Doch scheint das Tier einfach unter seiner eigenen Häßlichkeit zu leiden. Der Leser mag sich in die Psyche dieses unseligen Geschöpfes versetzen! Sind wir doch schon weit entfernt von jenen einseitigen Anschauungen, die den höheren Tieren so etwas wie eine Seele absprachen. Gerade die Existenz des Cervus aquaplanctus Less. beweist ja überzeugend das Gegenteil! Und so schließt sich hier ein Kreis der in jedem Falle umsichtig waltenden Natur.

Hat man auch nicht viel über die Ernährung des Tränenaases ausmachen können, so ist doch gewiß, daß es von wenig ergiebigen Resten und Überbleibseln lebt. So bleibt es auch in seinem Vermehrungsbestreben äußerst mäßig: Die meist in Paaren lebenden Tiere bringen höchstens ein Junges zur Welt, und das unter unsäglichen Mühen. Darum nimmt es auch nicht wunder, daß das Tränenaas, wiewohl über ganz Europa verbreitet, kaum in Erscheinung tritt. Dennoch war es in früheren Zeiten, ja noch tief bis ins vorige Jahrhundert hinein, ein begehrtes Wild. Ließ sich doch sein Fleisch, durch langes Abliegen und anschließendes Dörren an der Sonne von üblem Geruch befreit, in zerkleinerter Form als vorzüglich mundender Brotaufstrich verwenden. Dieser kulturhistorisch interessanten Tatsache gedenkt ja *J. W. v. Goethe* in seinem bekannten Vers im *Wilhelm Meister*. Es wäre zu wünschen, daß auch dieses literarische Zeugnis, wie so viele andere, von der Germanistik endlich in seinem zoologischen Zusammenhang dargestellt würde.

Cervus aquaplanctus Less.

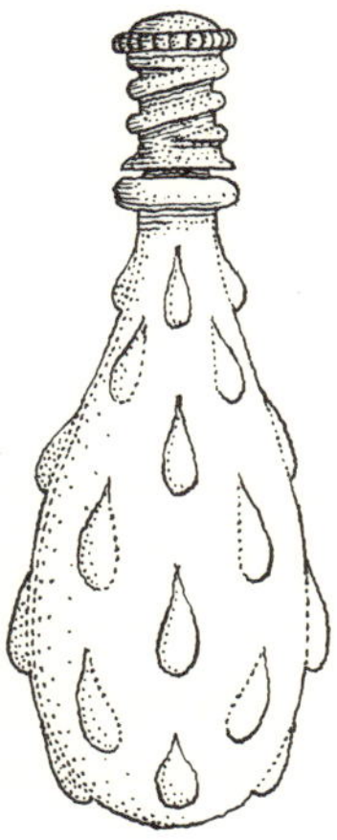

Tränenaastränenfläschchen, wie es die Schauspieler der Romantik gerne bei sich trugen (Der Geruch der Flüssigkeit erzeugt sofort langan= haltendes Weinen)

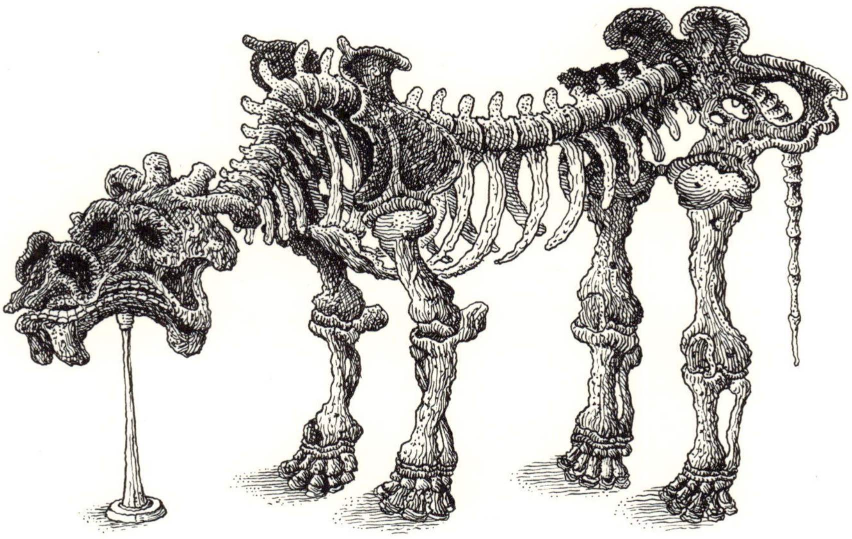

Knochengerüst eines Tränenaases (Naturhistorisches Museum, Wien)

Der Selbstmord der berühmten englischen Schauspielerin Elisabeth M.G. Lovekraft (1759-1780) fand in dieser mit Aastränen gefüllten Badewanne statt. "Sie weinte 21 Tage und 21 Nächte, bis sie der Tod erlöste", schreibt ein Zeitgenosse in einem damaligen Boulevardblatt (British Museum, London)

Die Makartziege

(Capra artificiosa seu makartiana Koszl.)
Verbreitung: Züchtung, in zoologischen Gärten und gepflegten Heimen
Größe: bis zu 1 Meter Höhe
Farbe: modefarben

Die Makartziege ist eine beliebte Züchtung, die in freier Wildbahn ebensowenig auftritt wie etwa das japanische Horbra. Sie wird in manchen Tiergärten auch Plüschfeigerl genannt (so im Wiener Tiergarten zu Schönbrunn), was nicht ohne weiteres verständlich ist. Die Ziege eignet sich hervorragend als Haustier und fand deshalb auch sehr bald eine entsprechend große Verbreitung. Ihr anhängliches Wesen, die Unaufdringlichkeit ihrer Existenz, besonders aber ihr dekoratives Äußere machen sie zu einem der beliebtesten Einrichtungsfaktoren in Familien, die Wert auf eine gediegene Häuslichkeit legen.

Die Makartziege, die bei entsprechender Pflege ein hohes Alter erreichen kann, ähnelt in Aufbau und Aussehen den heimischen Ziegen; jedoch ist sie in ihrem Inneren weitaus komplizierter angelegt. Nicht nur bestehen ihre inneren Organe aus einem hochentwickelten Röhrensystem, einem Meisterprodukt durchdachter Züchtung, bei der Schritt für Schritt das tierische Gewebe durch Metallteile ersetzt wurde. Der Züchtungsvorgang nahm Jahre in Anspruch und beschäftigte die hervorragendsten Zoologen. Die eindringlichste Schilderung findet man bei Albert *Koszlawski* in den *Studien zur Problematik bei der Züchtung semicarnaler Arten* (in der *Zeitschrift für zoologische Grundfragen*, 34. Jg., Köln 1954). Der angesehene Gelehrte beschreibt dort, unter welch ungeheuren Schwierigkeiten die etappenweise Kreuzung einer Ziegenart, der Schraubenziege (Capra falconeri Wagn.) mit einer Stahlkonstruktion vorgenommen werden mußte. Mehrmals schien das Vorhaben vom Scheitern bedroht, da die Stahlkonstruktion in ihren Reaktionen keineswegs den vorausberechneten Erwartungen entsprach. Immerhin war im Jahre 1953 ein erstes Stadium erreicht. Der weitere Züchtungsvorgang ist zu kompliziert, um hier wiedergegeben werden zu können, nur soviel sei gesagt, daß ausgesuchte eisenhaltige Nahrung, ständige Beobachtung und diffizilste Kleinarbeit nötig waren, bis das fertige Produkt endlich im Dezember 1962 einer staunenden Fachwelt vorgeführt werden konnte. Nicht nur die Weichanatomie des Tieres war aus Stahl, auch seine Gliedmaßen waren beste Stahlkonstruktion, teilweise mit Kunststoffen untersetzt. Das Äußere der Ziege aber hatte man mit einem Plüschüberzug versehen, der dem Tier eine wahrhaft ästhetische Erscheinung gab. So war von Anfang an auf den erlesenen Geschmack der Tierfreunde Bedacht genommen und damit der neuen Ziegenart weite Verbreitung gesichert.

Die Ziege, die ihren Namen nach dem bekannten Zoologen Karl *Makart* erhielt, der bereits vor 1933 auf die Möglichkeiten neuer Kreuzungsversuche hingewiesen hatte, eroberte sich in kürzester Zeit die Zuneigung aller wahren Tierliebhaber. Sie fand Eingang in die wichtigsten Tiergärten und besonders in die Heimstätten gebildeter Schichten, denen ein augenfälliger Ausdruck ihrer des Menschen so würdigen Liebe zu den Kreaturen der Natur Herzenssache ist. Da die Makartziege sehr genügsam ist und mit Abfällen, gelegentlich untermischt mit etwas Flüssigkeit, durchaus vorliebnimmt, kann es keine Frage des Geldes sein, sich dieses liebenswürdige Tier zu halten. Die Ziege verarbeitet zudem ihre Nahrung fast zur Gänze zu den für sie nötigen Aufbaustoffen; ab und zu sind Gaben von Eisenpräparaten geboten, ebenso wie man hin und wieder mit Schmieröl die Beweglichkeit der Gliedmaßen wird unterstützen müssen. Das Tier steht meist ruhig kauend in einem Winkel seiner jeweiligen Behausung, sei es Käfig oder Salon, und nur gegen Abend schreitet es still und bescheiden durch die Räume. Da kann dann eine festliche Gesellschaft das geschmackvolle Wesen ohne Mühe bewundern und wird die größte Freude darüber äußern. In einer Zeit, die immer mehr dem Ungeist des Materialismus verfällt, müssen derartige Geschenke der Natur aufs innigste begrüßt werden.

Capra artificiosa sen makartiana Koszl.

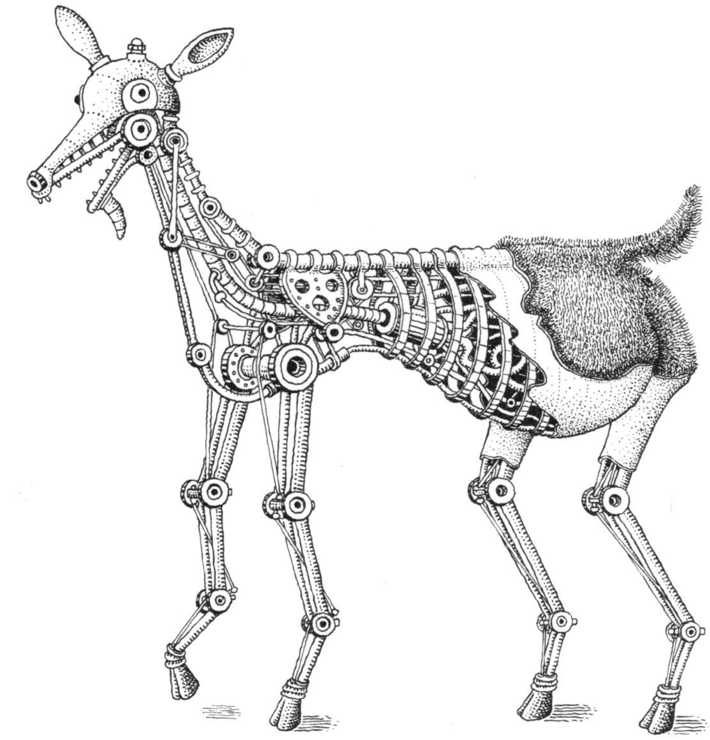

Konstruktionsdarstellung einer Makartziege (Stadium 1962)

Kürzlich entdecktes Sternbild der Makartziege. Eine durch Satelliten entstandene Konstellation (von dem Amateurastronomen Wilhelm Sonnabend 1981 entdeckt)

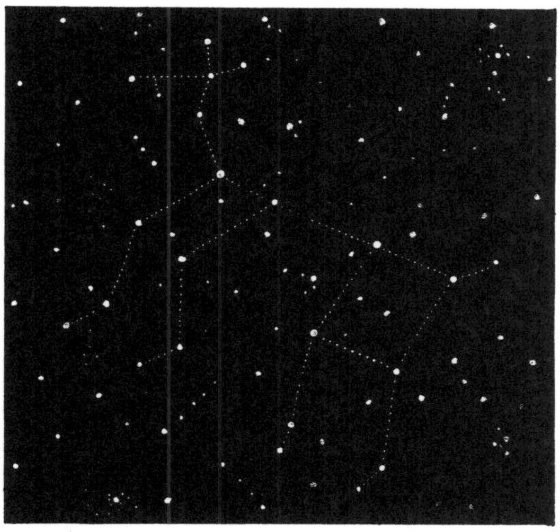

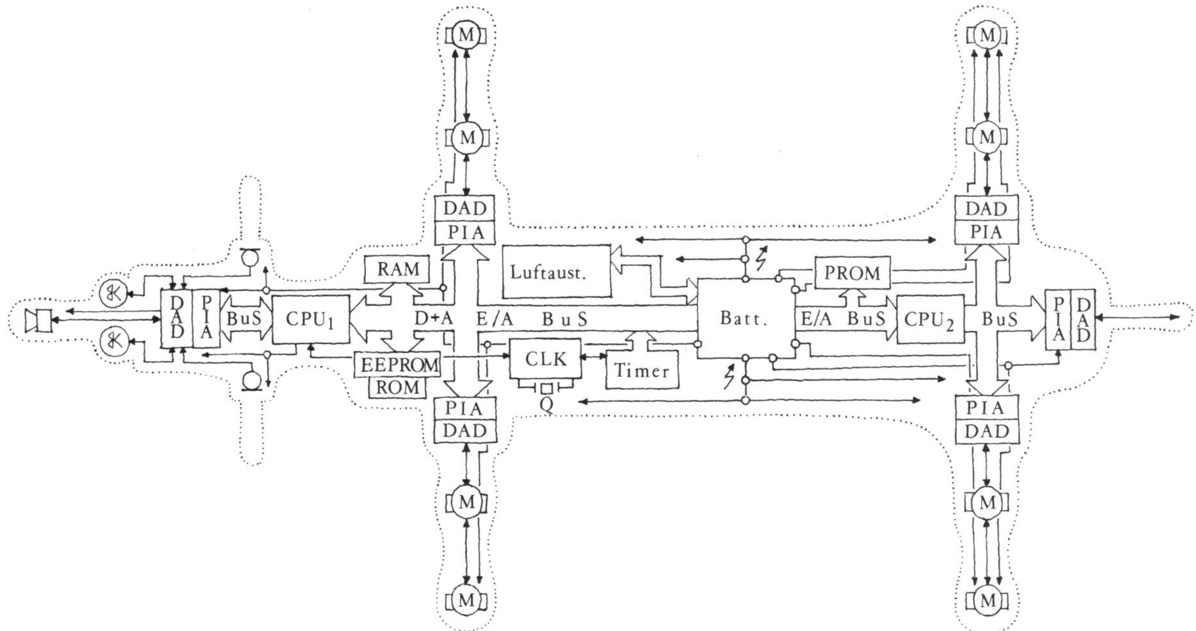

Übersicht des elektronischen Nervensystems nach dem neuesten Stand (nach Ing. Horst Schmoegner, 1980)

Der Ferrat

(Sus ferratum Bism.) – Familie: Suidae
Verbreitung: nördlich des 60. und
südlich des 40. Breitenkreises
Größe: etwa 1 m Höhe
Farbe: eisenfarben, später rostbraun

Der Ferrat, auch Kolumbianisches Eisenschwein oder Panzertier genannt, ist ein merkwürdiges Lebewesen. Wie schon sein trefflicher Name sagt, besteht seine Erscheinung zumindest äußerlich aus Eisenteilen, die das Aussehen des Tieres etwas eckig gestalten. Hinzu kommen noch die rasselnden Geräusche, die der Ferrat fast ständig von sich gibt: Nahezu alle Exemplare leiden an chronischem Bronchialkatarrh. Von der Größe etwa eines einheimischen deutschen Rehs (Capreolus capreolus L.), allerdings mit etwas längerem Stumpfschwänzchen, in der Gestalt dem Tapir (Tapirus terrestris L.) nicht unähnlich, lebt der Ferrat fast ausschließlich in Klimazonen, die ihm nicht guttun. Ein widriges Schicksal erlaubt es diesem als gutmütig bekannten Geschöpf nicht, sich in subtropischen Gefilden aufzuhalten. Vielmehr findet es sich in nördlichen Gegenden um den Polarkreis, gelegentlich auch in Patagonien. Dort stehen dann die schwerfälligen Tiere in traurigen Grüppchen von vier oder fünf Exemplaren beisammen und versuchen, ihr tristes Dasein in der Geselligkeit etwas zu erleichtern. Da sie aber von stetem Husten gequält sind, besteht nicht viel Aussicht auf bessere Tage. Gutmütige Einheimische haben schon versucht, den Ferrat zum Haustier zu zähmen, doch waren diese Bemühungen kaum erfolgreich, da das Tier infolge seiner langsamen Bewegungen überallhin zu spät kommt und allen anderen Lebewesen im Wege steht. *Zünzelmann* berichtet (*Als Löwenjager in Tibet*, S. 423), er sei auch in Asien dem Ferrat begegnet, wobei ihm sibirische, ja chinesische Sonderformen auffällig waren, doch wurde dies von anderen Forschern noch nicht bestätigt.

Der Ferrat ist nicht nur schwerfällig zu nennen, er ist auch ein dummes Tier. Scheint er doch kaum imstande, sein Los auch nur um weniges zu verbessern. Er nährt sich von Krümlein, wie sie da und dort im kargen Boden der Tundra enthalten sind. Mittels eines höchst kompliziert gebauten Verdauungssystems kann das Tier aus dieser Speise das nötige Eisen gewinnen, das ihm zur Erhaltung seiner Art wesentlich ist. Denn erst, wenn sich in seinem Magen ein Klümpchen Eisen angesammelt hat, kann der Ferrat zur Vermehrung schreiten.

Unter fürchterlichem Husten nähern sich zwei der Tiere. Mühsam reiben sie einander die meist rostigen Flächen ihrer Gesäßplatten, wobei – wie schon Julius *von Westphal* festgestellt hat – offenbar eine gewisse Art von Magnetismus eine nicht unerhebliche Rolle spielt. Endlich kommt es dann dazu, daß das Weibchen mit heftigem Knall ein plumpes Ei legt, das sie in der Folgezeit liebevoll bebrütet. Nach etwa sechs Jahren hat sich das Ei zum kleinen Ferrat gewandelt, dem nun auch das Vatertier seine Aufmerksamkeit zuwendet. Nunmehr säugt die Mutter das Junge. Zu diesem Zweck hat sie an ihrer Unterseite schraubenähnliche Warzen, aus denen eine rostrote Flüssigkeit träufelt. Nach ungefähr zwei weiteren Jahren ist das Junge so weit herangewachsen, daß es den charakteristischen Bronchialkatarrh in seinem Anfangsstadium erkennen läßt. Damit ist es selbst vermehrungsfähig geworden und sucht sich auch bald einen Partner.

Man hat neuerdings, vor allem in Kanada, versucht, witterungsbeständige Schutzfilme am Ferrat zu erproben, um die Tiere solcherart vor dem andauernden Siechtum zu bewahren (*Jahresberichte des World Wildlife Fund,* 1972 und 1978). Doch scheint damit auch die Fortpflanzungsfähigkeit herabgemindert zu werden. So bewahrheitet sich auch hier wieder die alte Regel, daß dem Leben nicht geholfen werden kann, indem man es vor den Unbilden der Natur schützt.

Daß der Ferrat bei seiner Lebensweise und geringen Intelligenz auch gewisse charakterliche Schwächen aufweist, liegt dem Einsichtigen auf der Hand. Ein Zug zur Dickköpfigkeit, zu Mißtrauen und Übellaunigkeit macht das Panzertier wenig erträglich. Das mag auch letztlich der Grund sein, warum es als Haustier versagt hat. Vielleicht gelingt es der künftigen Forschung, dem Leben dieses mehr als unansehnlichen Geschöpfes einen erfreulichen Sinn zu verleihen.

Sus ferratum Bism.

Ferratin, 75 Jahre alt

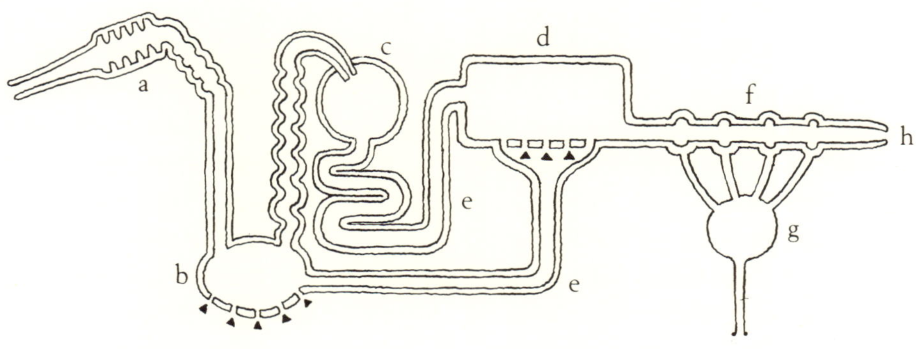

Verdauungsapparat des Ferrats

a Kauraum
b Sodbrennraum
c Magenraum
d zweiter Sodbrennraum
ee Darmröhre
f Dickdarmröhre
g Rostwasserblase
h Eisenafter

HWS

Der Korkaffe

(Hylobates suberis Prt.) – Familie: Hylobatidae
Verbreitung: Tropen
Größe: bis 60 cm Höhe
Farbe: gelbbraun bis dunkelbraun

Der Korkaffe, gelegentlich auch Preßkatze genannt, ist ein sehr nützliches Tier. Er gehört in die Familie der Gibbons, bildet dort aber eine eigene Art, die sich vor allem durch ihre Lebensweise unterscheidet. Das possierliche Äffchen kommt in allen tropischen Gebieten der Erde vor, meist in Rudeln zu mindestens fünfzig Exemplaren vereinigt, da es ein ausgesprochen geselliges Wesen sein eigen nennt. Man kann die Tiere dann in Reihen nebeneinander auf Lianen oder Baumästen sitzend sehen und ihrem Geschnatter lauschen, das krächzendem Gebell nicht unähnlich scheint. Fast andauernd verzehren die Affen tropische Früchte, da sie ein ausnehmend starkes Zellulosebedürfnis haben. Die bis zu 60 cm hohen Korkaffen vermögen pro Tag ohne Schwierigkeit an die 20 Pfund Bananen zu vertilgen, eine Leistung, die ihnen offenbar auch noch Spaß macht. Mit ihren überlangen Gliedmaßen holen sich die gelbbraunen Tiere die Früchte frisch von den Bäumen und schlingen sie sodann in ziemlicher Hast hinunter. Der ausgedehnten Freßtätigkeit entspricht auch das Gegenteil: Mehrmals am Tag entleert der Korkaffe seinen Leib und gibt die Produkte einer hervorragend funktionierenden Verdauung von sich. Die kugel- bis birnenförmigen Exkremente bestehen aus fast reinem Kork, der von den Äffchen solcherart zentnerweise auf den tropischen Boden gestreut wird. Der bekannte Koprologe Georg *v. Halbbitter* beschreibt in seinen lesenswerten *Streifzügen durch die Niederungen des Lebens* (Berlin 1874) sehr anschaulich die Verdauungstätigkeit der Korkäffchen, die er in monatelangem eingehendem Studium in Südamerika beobachtete, nicht ohne sich dabei erheblichen Gefahren ausgesetzt zu wissen; war er doch andauernd von den Giftpfeilen der Eingeborenen bedroht. Eine sehr sinnreiche Einrichtung der Natur bewahrt die Tiere davor, durch das oftmalige Entleeren ihres Darmes einen vielleicht wunden Anus zu bekommen. Ein raffiniert konstruierter Schließmuskel ist die Grundlage dieses Systems. Seine Ränder, aus hornhautähnlicher Substanz, schneiden mit der Schärfe von kleinen Messern aus der Kotmasse kleine Portionen. Außerhalb dieses ringförmigen Muskels liegt aber noch eine geräumige Tasche, die als Auffangbehälter dient. Ihre Offnung nach außen stellt erst den eigentlichen After dar, der ganz schlaffe und nachgiebige Ränder hat. Sobald in der Tasche einige Kotkügelchen sich angesammelt haben, drücken sie ohne weitere Unbequemlichkeit gegen die Afteröffnung, die sie sodann schmerzlos ins Freie entläßt.

Deutscher Erfindungsreichtum hat die Korkaffen einer segensreichen Funktion zugeführt. Sobald man nach verschiedenen Untersuchungen in aufstrebenden deutschen Industrien erkannt hatte, daß es sich bei Exkrementproben der Korkaffen um ausgezeichneten Industrie- und Gewerbekork handelt, schritt man zur Tat. Es wurden große Mengen von Korkaffen importiert, denen man Käfige mit tropischen Bedingungen bereitstellte. Mit Hilfe überlegen konstruierter Anlagen werden nun die Äffchen in Reihen zu jeweils etwa hundert Exemplaren nebeneinander sitzend gehalten und pausenlos mit ausgesuchter Zellulosenahrung, die man der Schmackhaftigkeit halber mit Fruchtessenzen versehen hat, gefüttert. Die Zusammensetzung der biologisch einwandfreien Nahrung garantiert ununterbrochenen Stuhlgang. Die Äffchen produzieren somit täglich Unmengen von Korken. Damit diese nun sogleich und an Ort und Stelle verwertet werden können (was den Produktionsgang verbilligt), befinden sich unter der Sitzgalerie der Affen und in rechtem Winkel dazu Fließbänder (unter jedem Korkaffen eines), auf denen in wohlberechneten Abständen mit Wein, Sekt oder ähnlichem gefüllte Flaschen vorbeiziehen. Eine klug angelegte Zwischenkonstruktion erhöht den Druck der aus den Aftern ausschießenden Korken und preßt sie in die Flaschenhälse. Das Ganze ist ein Meisterwerk präziser Technik und gereicht der deutschen Industrie zur höchsten Ehre. Die Korkaffen gedeihen übrigens bei dieser sie offenbar befriedigenden Ausübung prächtig, besonders die aus Westafrika eingeführten bewähren sich aufs beste.

Hylobates suberis Prt.

Natürliche Formen der Korkaffenexkremente

Art	1900	1930	1940	1960	1980
Flaschenkorken	10.000	20.000	10.000	40.000	180.000
Rettungringe	20.500	125.000	1.000.000	1.000	–
Korksohlen	500	–	20.000	80.000	40.000
Korkfilter	91.000	80.000	70.000	30.000	1.000
Zigarrettenfilter	–	1	–	50.000	5.000.000
Schwimmgürtel	700	1.000	30	1	–
Geräuschdämpfer	150	2.000	80.000	887.000	1.800.000.000
Anglerbedarf	2.000	2.000	1	1.000	5.000
Sonstiges	100.000	50.000	3000	170.000	541.001

Verwertung der Korkaffenexkremente (Angaben in Tonnen). (Nach World Trade Report 1981)

WS

Der Gemeine Wandwurm

(Gnatho muri Sch.) - Familie: Ascarididae
Verbreitung: offenbar weltweit
Größe: 3–4 cm
Farbe: weißgrau

Dieses äußerst scheu und zuückgezogen lebende Tier ist mit dem Polsterwurm (Gnatho culcitae Horv.) verwandt, kann aber als weitaus harmloser gelten. Man findet seine Spuren immer wieder vor allem in älteren Gebäuden aus früheren Jahrhunderten, doch soll sein Auftreten auch schon in modernen Betonbauten bezeugt worden sein. Wem ist es nicht schon aufgefallen, daß sich an den Wandbemalungen in Wohnräumen allmählich blasenartige Aufwürfe bilden, von denen alsbald der Anstrich abbröckelt und den Blick auf weitverzweigte Wurmgänge freilegt? Hier hat der Gnatho muri sein stilles Werk verrichtet. Am liebsten scheint er sich von kalkhaltigenSubstanzen zu nähren, die er langsam aufzehrt, wobei er sein Revier schrittweise erweitert. Merkwürdigerweise wurde das Leben des Wandwurms noch wenig erforscht – vielleicht weil die Spuren seines Auftretens immer wieder von erneuerungswütigen Heimwerkern rasch beseitigt werden. Über das eigentliche Aussehen des Wurms sind wir nicht hinlänglich unterrichtet. Soviel ist sicher, daß er das Tageslicht scheut und sein Wesen im Dunkeln treibt. Man muß annehmen, daß er seine Eier überall auf der Erde in Bausubstanzen legt, wo sie im Lauf der Jahre langsam ausreifen, bis der Wurm sein eigentliches Dasein entwickelt. Noch ist es nicht gelungen, die genaue Zeit zu berechnen, die das Tier zur Nahrungsaufnahme braucht. Andernfalls ließe sich das Wirken des Gnatho als angenehme Hilfe bei Renovierungsarbeiten einkalkulieren, und man könnte sich das künstliche und kostspielige Entfernen alter oder altmodisch gewordener Wandanstriche ersparen.

Schon im Mittelalter muß es den Gnatho muri gegeben haben: Beim Freilegen mehrerer Schichten älterer Fresken fällt immer wieder auf, daß in den tiefer liegenden Schichten fast gleichmäßig verteilte Löcher zu beobachten sind. Hier handelt es sich natürlich um die Spuren der Tätigkeit des Wandwurms, die später von verständnislosen Maurern oder Freskanten mit Mörtel ausgefüllt wurden. Auch hier ließe sich – vorausgesetzt, daß man seine Lebensweise genau und zeitlich eruierbar kennte (was aber leider noch nicht der Fall ist) – das Wirken des Wurms für kunsthistorische Datierungsfragen vorteilhaft zu Rate ziehen. Mancher ergebnislose Streit unter Kunstgelehrten (die bekanntlich leicht zu Eigensinn und Jähzorn neigen) könnte vermieden werden.

Übrigens sind diese alten Wurmlöcher und Wurmgänge offenbar in früheren Jahrhunderten nachdenklichen Menschen Anlaß zu Spekulationen gewesen. Einige Autoren des 17. Jahrhunderts wollten sogar die Zeichnungen der Wandwurmgänge wie eine Art Geheimschrift entziffern, aus der Aussagen über die Zukunft ablesbar sein sollten. Der treffliche Athanasius *Kircher*, dessen universaler Gelehrtheit wohl nichts entgangen ist, hat in einer seiner ungedruckten Schriften (die dankenswerterweise von C. *Sommervogel* bibliographiert wurden) ein Bild einer vom Wandwurm unterminierten Kirchenwand wiedergegeben, das er für eine Landkarte des Weltreichs des Anti-Christ hielt. Solche Überlegungen sind uns heute eher fern, wenngleich sie ein eindrucksvolles Zeugnis darstellen für die Fähigkeit früherer Generationen, die Phänomene der Natur in ein zusammenhängendes, von tiefen moralischen Erwägungen getragenes Weltbild einzubetten. Es brächte uns modernen Menschen zweifellos einen inneren Gewinn, dieser Ehrfurcht vor den Geschöpfen Gottes, auch noch vor den geringsten Würmlein, in uns wieder Raum zu geben.

Gnatho muri Sch.

Wandwurmgänge in einem Haus in Mönchen-Gladbach (1969)
(nach Pustkuchen: Mönchen-Gladbach in Wort und Bild)

Literatur

Die folgende Auswahl enthält sowohl die wichtigsten Werke, die zur Beschreibung der in diesem Buch dargestellten Tiere herangezogen wurden, wie auch eine Anzahl von Titeln, die dem interessierten Leser zur weiterführenden Lektüre dienen könnten. Dabei werden insbesondere auch ältere Arbeiten genannt, weil sie sich in öffentlichen Bibliotheken nicht immer mühelos auffinden lassen.

Bergsträßer J. A. B., Nomenclatur und Beschreibung der Insecten in der Grafschaft Hanau-Münzenberg, Hanau 1778/80.

Bismarck Otto F. v., Die gesammelten Werke, Berlin 1923–33.

Coldeagh W., Große Zoologie, Oxford 1934.

McCrew A. – Pijpers S., Musical experiments with animals, London 1962. (Auch deutsch: Beobachtungen anthropoaffinen Verhaltens bei Tieren in musikorientierten Versuchsanlagen, Frankfurt 1976.)

Dadelsen K. v., Körperbau und Charakter in Deutsch-Südwestafrika, Leipzig 1913.

Debey M., Beiträge zur Lebens- und Entwicklungsgeschichte der Rüsselkäfer aus der Familie der Attelabiden, Bonn 1846.

Fischer H., Untersuchungen tierischer Intelligenz nebst einem Anhang zur Methodik der statistischen Auswertung, Göttingen 1955, verb. Neuauflage 1976.

Freud S., Kot und Tabu, Leipzig/Wien 1914.

Freyer C. F., Die schädlichsten Schmetterlinge Deutschlands für Forstmänner, Lehrer, Oekonomen, Gartenbesitzer, Pastoren, Fabrikanten und Tierliebhaber im allgemeinen, Augsburg 1839.

Friderich C. G., Naturgeschichte aller deutschen Zimmer-, Haus- und Jagdvögel nebst einem Anhange über die ausländischen Vögel, welche in Deutschland im Handel vorkommen, Stuttgart 1849.

Gerstäcker F. , Wie ist es denn nun eigentlich in Amerika? Leipzig 1849.

Halbbitter G. v., Streifzüge durch die Niederungen des Lebens, Berlin 1874.

Heymons R., Zahlreiche Beiträge in: Brehms Tierleben, 2. Band (Die Vielfüßler, Insekten und Spinnenkerfe), 4. Aufl., Leipzig 1915.

Holley F. – Somogyi W., Metabiology. An introduction to a new discipline, New York/Wien 1960, 6. Aufl. 1981.

Hotzenbichler F., Die Jahresfliege in täglichen Beobachtungen, München 1975.

Hutchinson H. N., Extinct Monsters, London 1897.

Ippogeiger A., Erinnerungen an tropische Jugendjahre, Leipzig 1898.

Jäger A., Dorfchronik. Geschichte der Ortschaften Maffersdorf, Proschwitz und Neuwald, nebst einer übersichtlichen Geschichte der betreffenden Herrschaften und vielen Nachrichten über die Tierwelt der Umgegend, Reichenberg 1865.

Koch I., Akustische Messungen an Empiden, München 1970.

Kocsinsky V. – Moure Ch., Is the Metavirus slow or fast? Some contributions to virusresearch, New York 1978.

Koszlawski A., Studien zur Problematik bei der Züchtung semicarnaler Arten, in: Zeitschr. f. zool. Grundfragen 34 (1954).

Krachmandl H., Zur Ästhetik der Geisterschrecke, Köln 1968.

Lesser Fr. Chr., Theologia-animalia oder ... auffmercksame Betrachtung derer sonst wenig geachtteten Thieren ..., Frankfurt 1742.

Lichtenstein H. – Winckler E., Die veredelte Hühnerzucht, Berlin 1857.

Moffat Th., Insectorum sive minimorum animalium theatrum, London 1634.

Müller A. u. K., Thiere der Heimath. Deutschlands Säugethiere und Vögel, Kassel 1882.

Müller E., Der deutsche Käferfreund, Wien 1865.

Müller J., Über den glatten Hai des Aristoteles, Berlin 1842.

Nettelbohm A., Studien über Sucht und Aggressionstrieb im Bereich der Gnitzen und Kolumbatscher Mücken, Berlin/Düsseldorf 1962.

Oppermann O. E., Über kunstgemäßes Ausstopfen der Thiere, Delmenhorst 1835.

Ortleb A. u. G., Der emsige Naturforscher und Sammler, 24 Bände, Berlin 1885/95.

Palmers Chr., Zur Funktion der Kynophobie in der westlichen Kultur, Wien 1980.

Pichler A., Große Wanzenkunde, Leipzig 1926, Neuauflage Stuttgart 1978.

Quetchwood Th. – Priesnitz J. v., Reiseberichte zweier Tiefseeforscher aus dem Polarmeer, Berlin 1923.

Regenfuß F. M., Auserlesne Schnecken, Muscheln und andere Schaalthiere, Kopenhagen 1758.

Reitter E., Fauna Germanica. Die Käfer des Deutschen Reiches. Hrsg. v. K. G. Lutz, Stuttgart 1908/16 (= Schriften des Dt. Lehrervereins).

Sauerbruch F., Die willkürlich bewegbare künstliche Hand, Berlin 1916.

Schäffer J. Chr., Der Afterholzbock, Regensburg 1754.

ders., Die grünen Armpolypen. Die geschwänzten und ungeschwänzten zackigen Wasserflöhe. Über eine besondere Art kleiner Wasseraale, Regensburg 1755.

Simroth H., Darstellung der Mollusken in: Brehms Tierleben, 1. Band (Die niederen Tiere), 4. Aufl., Leipzig 1918.

Sokolowsky A., Aus dem Seelenleben höherer Tiere, Leipzig 1910.

Somogyi W., Vom Leben und Streben der Fliegen, Wien 1953.

Sparanello L., Osservazioni sull'allevamento degli animali minimi, Padova 1961.

Stahl H., Die Wunder der Wasserwelt für Höhere Schulen, Leipzig 1857.

Stümpke H., Bau und Leben der Rhinogradentia, Stuttgart 1975.

Tützlow C. v., Berichte über eine Tierwanderung durch die asiatischen und afrikanischen Tropen, Berlin 1897.

Uffenbach P., Thesaurus chirurgiae, Frankfurt 1610. (Dieses frühe Werk hat sicherlich bei der Züchtung der Makartziege zur Anregung gedient.)

Uitz K., Schleimspur. Erinnerungen eines Molluskenforschers, Wien 1972.

Vogel Chr. F., Chronologischer Raupenkalender, Berlin 1843.

ders., Schmetterlings-Cabinett für Kinder, Leipzig 1821.

Vogt C., Untersuchungen über Thierstaaten, Frankfurt 1851.

Wagner A., Beschreibung einiger neuer Nager, welche auf der Reise des Herrn Hofraths v. Schubert gesammelt worden, München 1840.

Wied-Neuwied M. Prinz v., Beiträge zur Naturgeschichte von Brasilien, Weimar 1825.

Zünzelmann H., Beobachtungen aus der Welt der Natur, Leipzig 1902.

ders., Als Löwenjäger in Tibet, Berlin 1895.

Zurmann A., Die gefährlichsten Schmarotzer Deutschlands. Zugleich ein Beitrag zur Situation in Europa, Berlin 1892, Reprint Frankfurt 1980.